U0716773

改 变

遇见更好的自己

相信改变，改变从现在开始

杨航征 著

西安交通大学出版社
XI'AN JIAOTONG UNIVERSITY PRESS

图书在版编目（CIP）数据

改变：遇见更好的自己 / 杨航征著. —西安：西安
交通大学出版社，2022.4（2025.7重印）
ISBN 978-7-5693-2537-9

Ⅰ.①改⋯ Ⅱ.①杨⋯ Ⅲ.①成功心理-通俗读物
Ⅳ.①B848.4-49

中国版本图书馆CIP数据核字（2021）第277956号

书　　名	改变——遇见更好的自己
	GAIBIAN——YUJIAN GENGHAO DE ZIJI
著　　者	杨航征
责任编辑	祝翠华
责任校对	韦鸽鸽
封面设计	李　昊
出版发行	西安交通大学出版社
	（西安市兴庆南路1号　邮政编码710048）
网　　址	http://www.xjtupress.com
电　　话	（029）82668357　82667874（市场营销中心）
	（029）82668315（总编办）
传　　真	（029）82668280
印　　刷	西安五星印刷有限公司
开　　本	880mm×1230mm　1/32　印张　8.125　字数　155千字
版次印次	2022年4月第1版　　2025年7月第9次印刷
书　　号	ISBN 978-7-5693-2537-9
定　　价	49.00元

发现印装质量问题，请与本社市场营销中心联系。
订购热线：（029）82665248　　（029）82667874
投稿热线：（029）82665249
读者信箱：37209887@qq.com

版权所有　侵权必究

人可以改变

不能只要求别人改变

首先改变自己

改变从现在开始

前　言

从 2012 年开始，我先后应一些单位邀请，做了 60 余场讲座，许多听众在讲座结束后向我反馈自己的感受：一位从部队转业后从事行政管理工作的同事，再次见到我时说她开始读书了；一位高校艺术学院的中年女教师，听了我的讲座后说她的价值观改变了；还有一位教育局的工作人员说他听后收获很大，称我为他的人生导师。

自己的一些学习体会、不成熟的想法竟然可以如此影响他人，这让我非常感动，也非常高兴。一位同事问我，能不能让更多的人听到你讲的内容？一开始我觉得很难做到，后来灵机一动，如果把讲的内容写出来，不就可以让更多的人受益了吗？虽然有了想法，但一直没能动笔。直到 2020 年春节，因为受到新冠肺炎疫情影响需要在家封闭，我终于下决心开始写作。我的思维是发散性的，想到一个话题就写一篇，就这样过了三个月时间，直到写到 30 多篇的时候，疫情趋于平稳，我也就停下笔来，然后用了十个月的时间修改。

我想了很长时间，经过反复思考才决定以《改变》作为书名。为什么叫《改变》？一是因为新冠肺炎疫情的暴发改变了全世界，改变了每一个人，而且这种改变可能还会长期持续下去。二是我国社会的主要矛盾发生了变化，这必然会引起许多方面的改变。比如，随着物质生活水平的逐步提高，人们会更注重精神需求，更希望得到他人的认可和尊重。这就需要人们相应地改变为人处事的方式。当人们为吃穿发愁的时候，各方面考虑的是一味地做加法，把幸福解读为"有"，有车、有房、有钱、有权。当物质生活得到一定程度满足之后，就需要适当做减法，人们对幸福的解读会改为"无"，无忧、无虑、无病、无灾。大家慢慢会发现：有，多半是给别人看的；无，才是你自己的。

"与时俱进"是我始终牢记并一直践行的。不与时俱进，个人与社会无法合拍，与他人也很难沟通，甚至会影响生存和发展。要想做到与时俱进，就要及时更新观念、坚持学习提高。我本科读的是工科类专业，毕业留校工作两年后又到另一个城市学习法学专业，后来又读了思想政治教育。通过自己的学习和工作经历，我深深体会到，每一次经历都是一笔宝贵的财富，每一次遇见都有一个小小的惊喜。一点一滴地积累，也会使我慢慢地改变，不断地成长。我始终觉得，坚持学习、不断进步的人，未来的机会一定会更多。

改变是一个永恒的话题，绝大部分人都渴望改变。因为有追求，因为不满意，所以想改变。有的人希望自己变得更坚强，有的人希望自己变得更富有，有的人希望自己变得更漂亮。每个人都有一个共同的愿望——希望自己的生活变得更加美好。

改变别人和改变自己，是两大难题。托尔斯泰曾说："世界上只有两种人：一种是观望者，一种是行动者。大多数人都想改变这个世界，但没人想改变自己。"其实，许多人常常不相信人会改变，尤其是认为别人很难改变。人们常说，"江山易改，本性难移"，就是这个意思。

　　但事实上，人是可以改变的，因为社会在不断发展变化，每一个人都会不同程度受到环境和其他人的影响，并且也在不断学习进步。即使是性格，其实也可以改变，只是改变起来比较难。说"本性难移"，并不是说固有的性格根本改变不了，而是说改变起来比较困难。

　　要改变生活，关键是要改变自己。当我们自己开始改变时，一切都会改变。只有不断地成长，才能改变自己的现状，在改变中成长，在成长中改变。改变，永远不怕晚，坚持就一定会有收获。

　　改变自己不易，改变别人更难。但是许多人却希望改变别人。生活中之所以出现这样那样的纷争或不愉快，很多时候是因为人们总想改变别人，让别人成为自己想要的样子，或者希望别人做出改变。比如一些夫妻，他们之所以关系紧张，一个重要原因就是自己不想改变，指望对方改变，并且不理解对方为什么不改变。

　　有这样一种说法："改变自己是神，改变别人是神经病。"德国著名心理治疗师海灵格曾说："幸福的家庭，都有一个共同点：家里没有控制欲很强的人。"在婚姻生活中，一方试图成为家庭的权威，试图控制对方、改造对方，希望对方按照自己的想法和要求做事，常常效果不好。另一方即使表面顺从，往往也是忍气吞声，时间长了要么情绪压抑，要么随时爆发。不管怎样，都会严重破坏婚姻的和谐与幸福。

　　不管是在工作、学习还是生活中，每一个人都有许多无奈，总有一些事情让人无能为力。许多时候问题都清楚，可解决起来如同老虎吃天，无从下口。如果心存侥幸试图改变，往往注定是徒劳的。聪明的做法是改变能改变的，接受不能改变的。

当你改变不了别人时，可行的办法就是先改变自己。生活中常常有这样的现象，当我们自己先做出改变时，就会发现他人也在随之改变。就像照镜子，你对着镜子微笑，镜子也会对你微笑。

如果一味安于现状，不想改变、不敢改变，甚至故步自封，裹足不前，就无所谓改革创新，自己难以成长，社会也无法发展进步。

人的改变最关键的是思维方式的改变。思维方式改变了，行动就容易改变。首先我们要坚信人可以改变。改变自己主要有三条途径：读书、思考和实践。改变自己首先要坚持学习，向书本学习，向他人学习，使自己养成"成长型思维模式"；改变自己，还要经常自我反思，想想自己哪些地方没有做好，哪些地方需要改进、提高；除此之外，积极实践是改变自己的重要途径，不能做思想上的巨人，行动上的矮子。

愿意改变自己的人是谦逊的，因为他承认自己有不足；愿意改变自己的人是智慧的，因为他知道改变不仅有利于自己更快、更好地成长进步，也有利于改善人际关系，与他人愉悦相处；愿意改变自己的人也是幸福的，因为他知道，自己的改变也会让身边的人感受到快乐与充实。爱一个人，就要愿意为他（她）做出改变。

改变是一种考验，往往需要很强的意志和自控力。愿意改变自己的人更自律，他们能更好地控制自己的欲望、情绪和行为，也更容易获得成功。高瓴资本创始人兼首席执行官张磊在《价值》一书中讲到："与原始社会的幸存者往往依赖于强健的体魄，封建社会的佼佼者往往仰仗家世、血缘，偶尔才有人通过努力考取功名不同，生于现代社会的我们遇到了最好的时代，可以通过接受教育、学习知识和探索创新改变自己的命运。"网络时代为提升自我、改变处境、缩小与他人的差距提供了更多机会，创造了更多条件。比如，网络使学习和交流更为便捷，不受地域和时间的限制，网络上有许多优质资源可供我们选择学习。

有人说，这个世界永恒不变的只有变化本身。除了应对变化，积极改变，我们别无选择。创造美好生活，从改变自己开始。改变自己，从今天开始，从现在开始。

作者
2021 年 12 月

目　录

第一章

学思践悟——认知改变格局

读书多了，容颜自然改变。许多时候，自己可能以为许多看过的书都成过眼烟云，不复记忆，其实它们仍是潜在的，在气质里，在谈吐上，在胸襟的无涯。当然，也能显露在生活和文字中。

——三毛

1. 知识不等于文化

在我们中国人的传统中，知识和文化总是备受推崇，两者之间也常常被画上等号。然而近几年，有一种说法，叫"有知识、没文化"。说的是有的人学历很高，读了很多书，受了多年教育，可言谈举止却总有点叫人"不得劲"的地方，于是一言以蔽之，"他还是个博士，却一点没文化。"如果有人谈到一个他瞧不起的人，有时也用一种很轻蔑的口气说："这个人没文化。"当有的人表现出基本知识缺乏，说话没有章法，做事简单粗暴，不讲社会公德时，人们也会说他没文化。比如，某省一个作家协会会员，在一档电视节目里面没有回答出"君不见黄河之水天上来"的下一句，就被网友调侃为没文化。但到底什么是知识，什么是文化，倒很少有人去细究。在这里，我不想辨析知识和文化的具体含义，只想谈谈我对"有知识、没文化"的理解。

知识和文化不能画等号

知识和文化是不能画等号的，在某种意义上，知识是文化的基础。不同的人对文化有不同的理解，有的从正面阐释，有的从反面理解。著名学者张岱年将中国文化的基本精神概括为四个要点，即刚健有为、和与中、崇德利用和天人协调。也就是说文化塑造的是一个完整的、有健全人格的人，是一个注重自身行为与社会、环境关系的有理性的人，而不是具备了某一方面的知识，就可以称得上有文化。在有些学者看来，现代人的没有文化、野蛮，主要表现在四个方面：一是匆忙，二是贪婪，三是麻木，四是虚假。比如，现在许多人感觉每天非常繁忙，来去匆匆，没有时间静下来喝喝茶、聊聊天、发发呆。有人认为之所以匆忙，是因为内在的空虚，没有灵魂，所以忙于外部的事务，想用此来填补和掩盖空虚。在我们这个飞速转动的时代里，到处是令人眩晕的匆忙，有些人厌弃一切"无用"之事，只做所谓"有用"的事，也就是能够带来眼前利益的事。而有文化的人，除了关注"有用"之事，也在关注"无用"的事，比如读书。随着文化水平的提高，人们越来越想让生活节奏慢下来，内心更宁静一些，而不再焦躁烦恼。

知识不等于文化，知识仅仅是一种信息储备，而文化是一种素质和积淀。20世纪八九十年代在填写各种表格时，有一个栏目是"文化程度"，一般人填的都是学历，比如高中、大学等。现在的表格中，已很少见文化程度一栏，而由学历或最高学历取而代之。这是否意味着人们已经认识到了学历和文化程度没有必然的联系？有一些学历高的人不见得文化素养也高。作家梁晓声说，文化可以用四句话表达：根植于内心的修养；无须提醒的自觉；以约束为前提的自由；为别人着想的善良。文化博大精深，包罗万象，知识仅是文化里的冰山一角，知识不能代表文化，是否有文化也不取决于知识的多寡。比如一个教授即使拥有丰富的专业知识，但如果缺乏个人修养，也会显得没有文化。文化应该比知识更高一个层次，就像人们常说某某是"文化人"，而不说他是"知识人"。

当然，在现代社会，受过高层次教育的人一般要比接受教育时间短的人文化素质高一些。比如，人们常说，某某一看就上过大学。我想，这里说的是文化而不是知识。因为我们不能从一个人的外观相貌看出他是哪个大学毕业的、学什么专业的。当然，上过大学的不见得有文化，没有上过大学的，也不见得就没有文化。有的人由于各种原因虽然没有接受过高等教育，但是读书很多，阅历丰富，很有思想。可以说，知识是我们谋生的工具，而文化则能反映一个人的修养。

有的人把现在这个时代称为知识大爆炸的时代，也有人称之为知识经济时代。由于知识已经成为配置资源的主要方式之一，成为获得利益的重要途径，因而许多人偏重于知识的汲取和积累，却忽视了文化的养成，从而使得人生观、价值观发生了偏移。比如，有的人唯利是图、过分强调个人利益及自我价值的实现。文化是知识的底蕴，可以让一个人所拥有的知识发挥更大的作用，也可以使一个人的境界上升到更高的层次。我接触过的一位建筑设计专业的毕业生曾经说，要成为一个设计人员容易，但要成为建筑大师却很难。要成为一名建筑大师仅仅有扎实的基础知识和专业技能是不够的，除了日积月累的丰富阅历，还必须要有良好的文化修养，因为建筑本身与文化密切相关。

有文化的人情商高

　　没文化还含有情商不高的意思。比如有的人不会说话办事，待人没有礼貌，人们往往就会说他没文化修养，情商不高。关于什么是情商，也有各种各样的解释。有人认为，情商就是管理情绪的能力，也有人认为情商高就是会说话、会办事，与人相处、说话做事让人舒服。

　　情商的内涵非常丰富，有人将情商高概括为三个方面：谦虚地做人、温和地说话、得体地处事。社会上有些人把情商高误以为是会"拍马屁"。实际上，会说话并不是油嘴滑舌，会办事也不是投机取巧。正如有人讲的，"所谓情商高，就是与人相处，让人舒服。情商高的人，不管是在公众社交场合还是私下朋友聚会，他们不会使尽浑身解数，充分地展示炫耀，让自己成为焦点，让别人投来艳羡的目光。他们能够收放自如、言行得体、举止优雅。有自己的想法，但不锋芒毕露；有一技之长，但不故弄玄虚；有不凡的经历，但从不吹嘘自夸。不管是达官显贵还是凡夫俗子，他们都能平等地给予同样的尊重，能屈能伸，不卑不亢。"

　　说话与做事是做人的两个具体表现，判断一个人怎么样，可以看他是否能够做到温和地说话、得体地处事。这两点中人们感触最深、最好理解但也最容易忽视、最难做到的是好好说话。对于绝大部分人，如果没有与其密切共事或者共同生活的经历，我们很难了解他是如何做事的。所以，人们评价一个人情商怎么样主要看他是否会说话。俗话说"良言一句三冬暖，恶语伤人六月寒"，足见语言在人际交往中的重要性。阿拉伯有一句谚语说，"世界上有四种东西是挽救不了的，即出口之言、发出之箭、过去之时、忽略之机"。其中，言语排在第一位。有时候，多说不如不说，闭嘴比张嘴更重要。美国著名作家海明威曾说："人一辈子用两年时间学会说话，却要用一辈子学会闭嘴。"可见会说话的重要性。

说话不仅仅是一种交流方式，更能体现一个人的情商和修养。情商高的人无论面对谁，都能保持基本的社交礼仪，比如见面时主动热情地打招呼；在他人说话时眼睛注视对方，耐心倾听不插话；与人交往时经常使用"谢谢""请"等文明用语。会说话的人不仅能让他人感到心情愉悦、如沐春风，而且做事情能够事半功倍，为他人带来意想不到的惊喜。正如蔡康永所说："你越会说话，别人就越快乐；别人越快乐，就会越喜欢你；别人越喜欢你，你得到的帮助就越多，你会越快乐。"

有文化的人会悦己达人

有文化的人说话做事不会只图自己高兴，他们会推己及人，有同理心；与人相处往往能够换位思考，尊重对方，替他人考虑，懂得什么话该说，什么话不该说，懂得什么话应该在什么时候选择什么场合说。高情商的人不责人小过，不揭人伤疤，不发人隐私，不念人旧恶。说话做事留有余地，给人"面子"，这样的人才会赢得大家的尊重。高情商的人看破不说破，看穿不揭穿。实际上，这个世界上许多事情大家都心知肚明，许多人什么也不说，并非他们不清楚。能够控制住不说，有时并不容易做到。所以，做一个高情商的人，做一个有文化的人，就要不断提高自身修养，努力做到该说话的时候认真准备，想好再说；不该说话的时候坚决不说。对有些无关痛痒的谎言，无足轻重的小事，无伤大雅的争论，一笑而过。

如果说知识是一个人的血肉，文化素养可以说是一个人的"精气神"。儒家把人生道路描绘成修身、齐家、治国、平天下。可见修身是第一位的，修身就是修养身心，是有文化的体现之一。

只有具有较高道德修养的人，才可能被委以重任。中国社会自古有一条用人规则：有德有才，破格重用；有德无才，培养使用；有才无德，限制使用；无才无德，坚决不用。司马光在《资治通鉴》里对"德"与"才"也有这样的论述："夫聪察强毅之谓才，正直中和之谓德。才者，德之资也；德者，才之帅也。……是故才德全尽谓之圣人，才德兼亡谓之愚人；德胜才谓之君子，才胜德谓之小人。凡取人之术，苟不得圣人、君子而与之，与其得小人，不若得愚人。"

当今激烈的竞争使知识的分量越来越重，但随着经济社会的发展，各方面对人的文化涵养要求也水涨船高，如果不加强学习、提高修养，就可能成为有知识没文化的人。

2. 静下心来读书

读书一直是一个热门话题。2018 年 7 月，我跟孩子一起去英国旅游，在从贝尔法斯特到爱尔兰的轮船上，有一个场景令我印象非常深刻，船上大部分的英国人在静静地看书或者读报，包括白发苍苍的老人和活力四射的年轻人。中国是全世界阅读传统最悠久的国家，但现在的许多人却似乎有些不耐烦，不愿坐下来安静地读一本书。

读书是修身养性的重要途径

读书对于每个人而言，不仅有利于丰富知识、提高技能，而且有利于陶冶情操、提升修养，还有助于拓宽视野、开阔胸襟，从而推动社会文明程度的整体提升。客观地讲，确实也有一些读书多的人道德素质不高甚至令人不齿。但总体上看，读书有助于个人修身养性，有助于公民道德素质的提升，有助于社会风气的改善。有"千古完人"美誉的晚清名臣曾国藩说过，一个喜欢读书的人，品格不会坏到哪去；一个品格好的人，一生的运气不会差到哪去。

中国自古以来具有崇尚读书的传统，北宋著名学者汪洙所著的启蒙读物《神童诗》里有一句"万般皆下品，唯有读书高"一直流传至今。在我国一些留存至今的传统民居大门上，还常常可以见到"耕读世家"的牌匾。

但现在有许多人不愿意或者静不下心来读书，以致一些招聘单位坦言，现在要想招一个读书多、文笔好的文科生太不容易了。许多年轻人之所以不愿意读书，有一个重要的原因就是在中学阶段中考、高考压力太大，没有时间读书，考上大学或者就业后难以再养成阅读的习惯。然而，不读书又怎么可能有一个好的文笔乃至口才呢？

读书让人变得更加优秀

与我们相比，许多前人都有深厚的阅读功底和良好的文学素养。在学术界，一些顶尖学者往往也具有良好的文字功底和文学修养，许多事业有成的人都喜欢读书。《富有的习惯》一书作者托马斯·科里认为，富人的某些习惯性行为引领他们走上了通往成功的道路，这些行为包括设定并且追求宏大的目标，充满激情，培养人脉，关心自己的身体状况，讲究礼仪，喜欢读书等。书中讲道："富人会阅读，在富人当中有85%的人，每个月至少阅读两本书，88%的人每天至少阅读30分钟。他们读什么？51%的人读历史，55%读自我成长类书籍，58%读成功人士的自传，79%读学习资料。"

众所周知，一代伟人毛泽东就酷爱阅读。著名学者梁衡在《文章大家毛泽东》一文中讲道："毛泽东说，革命夺权靠枪杆子和笔杆子,但他自己却从没拿过枪杆子,笔杆子倒是须臾不离手,毛笔、钢笔、铅笔,笔走龙蛇惊风雨,白纸黑字写春秋。""领袖应当首先是一个读书人,一个读了很多书的人,一个熟悉自己民族典籍的人。他应该是一个博学的杂家,只是一方面的专家不行;只读自然科学不行,要读社会科学、读历史、读哲学。因为领导一个集团、一场斗争、一个时代,靠的是战略思维、历史案例、斗争魄力和人格魅力。这些只有到历史典籍中去找,在数理化和单一学科中是找不到的。"

也许有人不爱读书,或者读不进去书,但几乎没有人不认为读书是一件好事情。一些公司或个人常常用书来装点门面或宣传自己,比如在办公桌的后面放一个装满书的书柜。更有甚者,"书香""学府"经常被一些楼盘用来做广告宣传。人们一般更愿意说自己出身书香门第,绝大部分家长都会鼓励、支持自己的孩子多读书。

读书可以让人减少浮躁

在网络信息时代,许多人不愿意读书或者阅读时间少的一个重要原因就是智能手机的普及。的确,网络和智能手机给我们的学习、工作、生活带来了极大便利,但也耗费了我们太多的时间和精力。网络使一些人变得懒惰甚至迟钝,以至于有的人即使生病了也不愿意去医院,而是求助网络;有的人懒得做饭,也懒得出门去吃,而是每天点外卖。

网络信息的即时性、碎片化使人们的生活和思维片段化,很难有较长时间集中精力做一件事情。我们每个人差不多都已经习惯于每隔几分钟就要看看自己的手机，看看有没有工作安排、重要通知、聊天信息，有没有孩子学校的通知，有没有电子邮件，有没有其他事情需要马上回复，等等。

智能手机时代似乎使人们变得急躁。以前如果我们打电话没有人接，我们就会耐心地等一段时间再打过去，而现在打电话或者通过网络方式联系对方，如果没有得到及时回复，往往就会很焦急。在这种情况下要静下心来读书，需要很强的定力。试想，如果没有等待重大消息或者重要通知，我们在读书的时候能不能做到一个小时或者更长的时间不去看手机。

好在智能手机给阅读带来了极大的便利：一是方式灵活，可以选择网络阅读或电子阅读；二是时间自由，可以随时随地阅读；三是资源丰富，可以随时找到想要阅读的书籍和文章。当然，网络阅读或电子阅读代替不了纸质阅读。最经典、最健康的阅读方式恐怕还是纸质阅读。有人曾经坦言："人们在网上阅读的时候，很容易去浏览一些低俗的或者缺乏深度的内容。"

有些人之所以静不下心来读书，或者读不进去书，尤其是传统经典，还有一个无奈的原因，就是受到浮躁的社会风气和急功近利思想的影响。曾有一家出版社在网上做了一项"死活读不下去排行榜"的调查，并对读者意见进行了统计。统计结果显示，在榜单前 10 名中，中国古典四大名著尽数在列，《红楼梦》则高居榜首。试想，如果静不下心来，心浮气躁，不仅《红楼梦》死活读不下去，其他书恐怕也很难读进去。

一般来说，读书不可能在短时间内获得直接的收益。但是，读书之所以值得提倡，究其根本而言，不是因为读书有用，恰恰相反，读书最美好的一点可能正是它"没有用"，比如阅读文学书籍。莫言在2012年诺贝尔奖颁奖晚宴致辞的最后一句话是这样说的："文学和科学比确实没有什么用处。但是它的没有用处正是它伟大的用处。"

读书可以改变气质

著名作家三毛曾经说过："读书多了，容颜自然改变。许多时候，自己可能以为许多看过的书都成过眼烟云，不复记忆，其实它们仍是潜在的，在气质里，在谈吐上，在胸襟的无涯。当然，也能显露在生活和文字中。"关于这一点，曾国藩说得就更为深刻，他说："人之气质，由于天生，很难改变，唯读书则可以变其气质。古之精于相法者，并言读书可以变换骨相。""腹有诗书气自华"讲的也是这个道理。

2018年4月4日，来自湖南的外卖小哥雷海为，荣膺中央电视台《中国诗词大会》第三季总冠军，成为《中国诗词大会》最夺目的一匹黑马。雷海为出生于1981年，为了谋生，他干过挖电缆沟的小工、洗车工、餐厅服务员、推销员……一个偶然的机会，他接触到古诗词，从此一发不可收拾，经常去书店读诗、背诗，看完回去默写，忘了再回去翻书。不管干任何工作，他爱读书、爱诗歌的心从未改变。后来他到杭州送外卖，等外卖的那些零碎时间都被他用来读书、背诗。

雷海为出名后，工作机会如雪片般向他飞来，一段时间他共接到 20 多家单位的工作邀约。当年 7 月，他受邀担任成都某学校全职教研教师。主持人董卿说："你在读书上花的任何时间，都会在某一个时刻给你回报。我觉得你所有在日晒雨淋、在风吹雨打当中的奔波和辛苦，你所有偷偷地躲在那书店里背下的诗句，在这一刻都绽放出了格外夺目的光彩。"

坚持读书可以不断提高一个人的素养和能力，淡化出身的差异；读书可以给自己创造更多的机会，缩小人与人之间的差距。总之，读书可以使社会更加平等。不管身居繁华都市还是远在穷乡僻壤，不管是白领精英还是贩夫走卒，大家都可以阅读同一本书。对于许多大学生朋友而言，也许你上了一所不如愿的大学，也许你不喜欢你所学的专业，也许你不喜欢听某个老师的课，但你不能因此而碌碌无为、浑浑噩噩，至少你不应该放弃读书。

没有一艘船能像一本书

"有人说，读书是世界上门槛最低的高贵行为。许多好书都是作者长时间的积累或人生感悟，一本书的完成，作者往往需要耗费很长时间和巨大精力，甚至毕生的心血。你只要付出一杯咖啡的钱或者无须花钱，付出几天的时间（有些书可以去图书馆免费借阅），便可以得到一个作者在那段岁月里所有的心思，得到他们的人生智慧。而读书获得的知识和智慧也是任何人都抢不走的。"

当然，这里讲的读书不是出于单纯功利目的的阅读。出于单纯功利目的的阅读对一个人开阔胸襟、提高修养的作用远远不够。

非功利性阅读不仅有助于我们文字表达能力的提高，而且可以修身养性、滋润心灵、完善人格、丰富精神世界，使我们的生活更加充实，使社会少一些浮躁，使我们自己的灵魂跟上行动，让我们成为一个完全不一样的自己。就像美国著名诗人艾米莉·狄金森在《没有一艘船能像一本书》这首诗里写的：

没有一艘船

能像一本书

也没有一匹马

能像一页跳动的诗行一样

把人带向远方

静静地打开一本书吧

阅读这条路

最穷的人也能走

不必为通行税伤神

静静地打开一本书吧

这是何等节俭的车

承载着人的灵魂

3. 怎样才能有好运气?

北宋吕蒙正的《破窑赋》云："人有冲天之志,非运不能自通。""人道我贵,非我之能也,此乃时也、运也、命也。"这两句话主要强调命运对一个人的重要性。一个人的成功不仅靠自己的能力,与时机、运气、命运有时也有很大的关系。当然这里面有谦逊的意思。除了极少数继承万贯家财的幸运儿,对于绝大部分普通人来讲,没有一定的才能,不下很大的功夫,仅仅靠时机、命运要取得事业成功或者享有荣华富贵是行不通的。吕蒙正的话虽然有些迷信的色彩,但是要承认,运气是确实存在的。有的人买了一辈子的彩票,中奖之后却发现那张彩票竟然丢了,而有的人第二次买彩票就抱得大奖归。一个人的成功除了靠自身的天赋和努力,运气有时候也有很大的作用。那么,应该怎样看待运气呢?如果成功靠运气,那努力还有用吗?有没有什么使我们运气更好的方法呢?

正确看待运气

生活中似乎总有一些人运气一直很好,而事实上你看到的往往是不全面的,没有看到他运气不好的一面。另外,如果一个人的运气经常比别人好，或者比别人差，那或许说明他本身具备某种优势或者存在某方面的不足，只是他暂时没有体现或没有意识到。在工作中有一个现象，如果某个人取得了很好的成绩，此人往往会认为这主要是个人努力的结果；而当事情没有做好或者失败的时候，这个人常常会认为是运气不好，或者是其他人的原因。其实运气完全可以掌握在自己手里。失败了，别怪运气不好；成功了别光想着是自己的努力，要承认也有运气的成分存在。正如罗伯特·弗兰克在《成功与运气》一书中讲到的，"如果你获得了成功，那你要知道，这很可能只是因为运气好，承认运气存在，能让你更谦虚谨慎，并且和人相处更友好；如果你总是失败，也别都怪'运气不好'，从自己身上找原因，才能让你尽快摆脱不利局势。"运气好不好，其实你自己就能说了算！

勤快的人更幸运

"勤奋养运气，读书养才气，宽厚养大气"。勤奋的人为什么运气好呢？因为勤奋的人起得比别人早，做事情投入的时间、精力比别人多，所以勤奋的人比其他人机会更多。国家图书馆第八届文津图书奖得主吴军博士说："好运气并不能增加我们的能力，也不能代替我们的努力。"有这么一件事，2019年6月，我所在的学院新引进了一名优秀的男博士。我问他有没有女朋友，他说没有。我就想起了学院几年前毕业的一位女研究生，也是单身，在西安一家国有单位工作。我试着介绍他们认识，结果两人一见钟情，到年底就领了结婚证。这个女研究生的同学就说她运气真好。

当时找我介绍对象的女孩子有好几个，为什么就想起她了呢？因为2016年学校校庆时这个女孩和我的一个研究生一起回到学校，在聊天过程中，我了解到她一直没有找到男朋友，家人很着急，自己也很苦恼。这件事我就一直惦记着。其实，也有其他学生说起有空回母校看看，但由于种种原因，一直没有来过。这件事情给我感触很深，在遇到一件事情的时候，我们会首先想起某个人，而这个人一般是与你接触比较多的人。并且这种接触必须是当面接触，而不仅仅是电话或网上聊天。在他们的婚礼致辞上我讲了一句话——勤快的人更幸运，勤快的人更幸福。

国外也有这样的例子。一位名叫杰西卡的女士，她的爱情生活就很幸运，她跟现在的男友已经交往了7年，而她认识现在的男友完全出于偶然。"有天晚上一个朋友突然打电话给我，问我能不能陪她去参加一个聚会，我那天晚上本来是不想出去的，但是一时兴起跟着她去了，于是在那里遇到了我一生的最爱。"很多事情都有一个概率问题。如果你每周结识一个人，你很快就会结识一大群人，那这群人中可能就有与你情投意合的人。

有心的人更幸运

一个高中同学的女儿，前些年在西安某大学土建类专业就读。她知道工科女孩找工作比较难，于是大二时就开始思考毕业找工作的事。大三的第一个学期，她得到一个机会，做北京某房地产公司专场招聘会的志愿者，也就是协助做好招聘会的组织工作。她觉得了解别人求职的过程也能给自己打好基础，所以非常珍惜这次机会，认真做好每一项准备工作，与学校有关部门积极协调沟通，天不亮就前去布置会场，还主动帮面试考官预订酒店、联系盒饭，从早上一直忙到晚上。她一直注意观察学长、学姐们参加面试的过程，思考自己将来面试时应如何应对。空闲时，她还主动和面试官交流，听听他们对求职者的评价。

紧张忙碌了两天，她给这家房地产公司的招聘人员留下了非常好的印象，获得了第二年该公司推荐免试的机会。到大四的时候，经过慎重考虑，她决定放弃房地产公司的机会，进入北京的设计行业发展，并筛选出了她认为比较理想的四家设计院。在意向的设计院尚未进校招聘之前，她就想方设法找到他们的工作邮箱，提前联系了公司的部门领导，以诚恳的态度申请一次简短的会面。听说她要到北京会面拜访，四家公司的领导都没有拒绝。于是在两天时间里，她先后拜访了四家单位的领导，结果出乎意料地顺利，几位领导都对她主动出击、认真准备的态度表示赞赏，而她之前准备的"问答题"几乎没有用上。几位公司领导态度非常和善，基本都是以聊天的方式与她沟通。

有一位甚至当场就安排了面试，短短几天后就给她发来录用通知。其他三家公司在后来进校招聘时，也给了她诸多便利。最终她如愿签约了其中的一家设计院。谁敢说这一切只是命运眷顾的结果呢？

能够控制情绪的人更幸运

运气也与人的情绪密切相关。情绪失控，轻则影响自己身体健康，重则可能酿成大祸。拿破仑说："能控制好自己情绪的人，比能拿下一座城池的将军更伟大。"可见控制情绪，并不是一件容易的事情。控制好自己的情绪，不愤怒、不发火，这需要很强的自制力和良好的个人修养。当遇到一些突发事件令你非常气愤的时候，可以尝试用以下几种办法控制情绪：第一，深呼吸，心中慢数 10 个数，让自己冷静下来。在生气的时候跟他人理论、争吵，解决不了任何问题，只会徒增烦恼。第二，暂时离开现场。如在家中跟妻子或者孩子发生争吵，怒火攻心，可以暂时离开家去外面走走。第三，转移注意力。当火气上涌、忍无可忍时，有意识地转移话题或做点别的事情来分散注意力，比如感觉自己要发脾气的时候用冷水洗一洗脸。第四，换位思考。站在对方的角度想问题，试着去理解对方，体会别人的情绪与感受。养成换位思考的习惯，不仅有助于人际关系的和谐，而且可以有效解决情绪失控问题。心情好了，运气自然不会差。如果控制不好自己的情绪，不仅难有好运气，甚至可能还会带来厄运。

自信乐观的人更幸运

有一个非常有趣的现象：如果一个人只相信运气，不愿意付出努力，他的生活并不会因此变得更好；反过来，如果一个人总是觉得自己是个倒霉蛋，事事不顺心、不如意，那他的生活一定会因此变得更糟。人们总希望自己周围的人乐观开朗、积极向上、充满自信，因为在这种氛围中自己也会觉得心情愉悦、浑身有劲。

如果周围的人大多意志消沉、灰头土脸、萎靡不振，时间长了，也会影响你的精神状态和斗志。社会上有一种说法，"爱笑的人往往运气不会太差"。实际上爱笑的人往往乐观自信，容易与人相处，也受大家喜欢。所以不管遇到多么大的困难，面临什么样的境遇，都要乐观面对、对自己充满信心。我们始终要坚信，尽管道路是曲折的，但前途一定是光明的，只要坚持努力，生活一定会给你带来好的运气。

人们常说，机会总是留给有准备的人。也可以说，好运气在很多情况下也是会给有准备的人。爱默生说："弱者相信运气，而强者只究因果。"凡事如果只靠运气，这是弱者的表现。所谓幸运，就是当你准备好的时候，机会来了。正如原新东方名师李笑来说的，"当一个人没有准备好的时候，对他来讲，不存在任何机会。机会时时刻刻都会出现在我们身边，关键在于，我们有没有足够努力，做到'万事俱备，只欠东风'。当一个人准备好了的时候，随处都是机会，而且所有的机会都是切实的、可以把握的。"所以，当幸福来敲门的时候，希望你一定要在家。

一个不可否认的事实是，在现代社会许多普通人通过努力可以改变自己的命运。如果你能够用心确定一个比较切合实际的目标，比他人投入更多的时间，付出更多的努力，到了某个时候，你的用心、你的耐心、你的坚持自然会有相应的回报。不了解情况的人会说这是你的运气好，实际上很多看似偶然的事情，都有它的必然性。就像有人说的，运气就是机会正好碰上了你的用心和努力。

4. 挨批越多，成长越快

人人都有不足，人人都会犯错，很少有人没挨过批评。小时候挨过家人的批评，上学时挨过老师的批评，工作后挨过领导的批评，结婚后挨过配偶的批评。一个人要不断成熟，尽快成长、进步，就要不断地听取批评，改正错误。改正错误的前提是要清楚自己有哪些不足，哪些地方没有做好。如果一个人认为自己没有任何缺点，从来没有说错过什么，没有做错过什么，那当然就谈不上改正错误了。

认识自己的不足和错误，有两种途径。第一种是自省，或者叫自我批评。俗话说，"人贵有自知之明"，就是说人应该正确认识自己，知道自己的优缺点。子曰："吾日三省吾身，为人谋而不忠乎？与朋友交而不信乎？传不习乎？"就是在强调人要加强自我修养，坚持自省。第二种认识自己不足的途径是他人指出自己的错误。在很多情况下，人们并不容易认识到自身的不足或缺点，因此，他人的提醒和批评是我们提高和进步所不可或缺的。

对批评不能一概否定

卡耐基认为，"批评就如同我们自己饲养的鸽子，他们被放飞之后还会飞回到我们身边，我们要明白这样的事实，我们对他进行批评，他也一定会为了替自己辩护，反过来指责我们的。所以，批评和责备他人是没有意义的，因为那只会让人在心理上增加一层防护，并且被批评的人也会因为受到批评而竭力为自己的错误辩护。批评与责备他人也是危险的，因为他会伤害到一个人的自尊，并因此激发他对你的反抗。"卡耐基对于批评的认识显然有些绝对，他只看到了批评不好的一面。实际上，对于批评，我们不能一概而论、全盘否定，而是要辩证地看待。

人人都不喜欢被批评，批评通常会使人感到不快。所以，不到万不得已，大部分人也不愿意批评他人。一般来说，人们并不会因批评他人获得成就感或喜悦之情。比如家长训斥孩子的时候，孩子哭哭啼啼，家长自己也不会心情舒畅，有的甚至会非常难受。许多家长批评孩子后会感到懊悔，担心自己的话说得太重，孩子接受不了或者会伤孩子的自尊。但是我们不能否定批评的价值，批评是发现失误、改正错误、避免损失、改进工作的重要手段。比如，批评会使人及时发现自己的错误，悬崖勒马，避免不必要的损失或者避免犯更大的错误。批评有时也会激发人的斗志，激励被批评的人通过努力来改变别人对自己的看法。我们不能因为厌恶批评，就一味地选择放弃批评。

正确对待批评

既然避免不了被批评，我们就必须正确对待批评，客观认识批评，积极发挥批评对我们的正面作用，尽量减少批评的负面影响，减少批评对我们正常工作和生活的干扰，而不是一味地沮丧或者愤怒。

首先要认识到，批评我们的人大多都是出于善意，或者说绝大部分人没有恶意。不管是在工作还是在生活当中，不管是领导、同事还是家人，即使批评的方式方法我们一时接受不了。但回想一下，哪些人曾经批评过我们，我们为什么会被批评，从中就会发现之所以被批评，绝大部分情况下是由于我们某些事情做得不好。批评我们的人几乎都是我们身边的人或者是最亲近的人。批评我们最多的人是谁，很明显在家里是我们的父母，上学时是老师，上班后是领导。哪个父母不希望自己的孩子功成名就、生活幸福？哪个老师不希望自己的学生学业有成、青出于蓝而胜于蓝？哪位领导不希望自己的下属工作认真、事业有成？

有人说，对你负责任的人才会批评你，批评你是认为你"孺子可教"，这句话是有一定道理的。如果是"烂泥扶不上墙"，别人一般也不会批评你。当然有时候我们也会受到不公正或者偏激的批评，比如对方没有弄清楚情况或者偏听偏信误解了我们等。对于这种情况，不要急于辩解，本着有则改之、无则加勉的态度，尽力去做好自己应该做的事。时间长了，事实会证明你是对的。后面别人再怎么说，也就无关紧要了。如果对方的批评是中肯的，确实是自己把事情没做好，就要虚心接受。即使感觉丢了面子，也不要形之于色，更不要忙于争论，而要郑重表态会认真改正，承诺以后不再犯类似的错误。不要因为受到批评而灰心丧气、一蹶不振，感觉自己一无是处。关键是要正视问题、及时改进。

感激批评我们的人

相比批评我们的人，还有一类人，从不批评人，发现他人的错误也不主动指出。你明明做错了事情，别人很容易就发现了却不给予指正，这更应引起我们的警惕。批评是有助于我们成长的。记得我的一位老领导说过这么一句话，"某件事情你没有做好，领导批评几句，你改正了，这件事就过去了，以后该帮你还会帮你；而有的领导明明知道你做得不对，却什么也不说，可这并不表示他就没有看法。"做错了事情没人指出来，自己的错误自己也许永远不会知道，以后可能还会继续犯这样的错误，甚至酿成大祸。

没有人批评，并不是值得我们庆幸的事情，它可能会使我们自以为是、沾沾自喜、盲目自信，以为自己各方面都做得挺好。实际上，人又怎么可能不犯错误呢？人们看到别人做错事情却置之不理，大概有这么几种心态。第一，事不关己，高高挂起。比如陌路之人，或是与自己个人、与这件事情关系不大的人。第二，对当事人彻底失望，觉得说了也没用，因而懒得说。比如当别人批评你的时候，你百般抵触、反感，拒绝改正错误，一次、两次之后，就没人会再批评你了。第三，知道批评人会引起不快，怕伤当事人的自尊，不愿意自讨没趣。

俗话说，"严是爱，宽是害。"批评就是一种严，是对被批评者的爱，一种深层次的爱。就像网上有篇文章所说，"真正要做到'拉下脸'去批评一个人，批评一件事，是对被批评者的信任和期待，也彰显出批评者的胸怀坦荡、光明磊落和真诚待人的优秀品质。这样的人，是我们人生中的良师益友。"

要感激批评我们的人，虽然当时我们可能情绪低落、接受不了，甚至会厌烦。但是，毋庸置疑，如果能够正确对待批评，虚心听取他人意见，及时改正错误，那么受到的批评越多，我们的失误就会越少，进步就会越快，成长也会更迅速。

注意批评的方式

不批评别人很难做到，不挨批评也是不可能的，那么我们在批评别人的时候要注意什么呢？第一，批评的动机必须是善意的。批评他人的时候首先目的要正当，也就是说我们批评人是为了指出对方的错误，以使其及时改进，而不能为了炫耀自己或抬高第三者而恶意贬低他人。第二，批评要注意时机。发现对方工作出现问题或者犯了错误，如果不是特别紧急，可以过一段时间再指出来，这样批评者会比较冷静，态度和蔼，被批评者也容易接受。第三，批评要注意场合。表扬可以当众进行，但如果不是非常必需，尽量不要当众批评他人，因为这会严重伤害他人自尊，使人下不了台。第四，批评要注意方式、方法。

人们之所以讨厌被批评，与批评的方式、方法欠妥当有很大的关系。被批评者有时候并不是否定或者不认可批评的事实，而是对批评者的态度和方式不认可。我们要指出别人哪些地方做的不对，或者不要去做某件事情的时候，尽量避免直截了当地批评，因为那样可能会伤害对方的自尊心。如果一定要说出来，对于聪明人，可以用婉转的提示来提醒对方。这样做可以让对方感觉到你是出于好意，对方会心存感激。对于一些反应不那么敏锐的人，你可以表达得直接一些。第五，批评的时候，要把存在的问题或者所犯的错误说清楚，不要夸大其词，放大缺点，更不要得理不饶人。第六，批评要就事论事，说具体的事情，尽量不评价一个人的态度或人品，更不能侮辱人格。比如领导看员工写的文稿，可以指出他哪句话语句不通，哪个地方标点运用不当，哪一处表述应该更为准确，结构上应该怎么调整更好，而不能简单地说："你这稿子怎么写的，水平太差。""你怎么这么懒，这件事说了多长时间了，还写成这样。"第七，批评别人的时候，可以先肯定对方做得好的方面，再指出不足。人们在听到批评的话之前如果能听到赞美自己的话，那么批评的话就容易接受。第八，被批评的人改正之后，如果条件允许，应该及时给予肯定或表扬。这样不仅有利于他今后正确对待批评、接受批评，以更积极的态度开展工作，同时也让被批评者感到你是真心对他好。

成年人也需要鼓励

不论在什么情况下，与他人相处，都应当记住，我们面对的是一个个有血有肉、活生生、有情感的人。所以，尽量不要抱怨、责怪他人，更不能轻易地批评与指责别人。因为尖锐的批评与指责，常常无法达到我们想要的效果。人与人交往，应该以鼓励和赞赏为主，不仅孩子需要鼓励，成年人同样也需要鼓励。

对别人做得好的地方，要不吝溢美之词。老师要多鼓励学生，家长要多鼓励孩子，领导要多鼓励下属。如果确实要批评他人，要注意把握好说话的分寸，考虑对方的接受程度，选择合适的时机。对批评我们的人，要心存感激。人们都很忙，也知道一般人都不愿意听不好听的话，所以，批评他人的人越来越少。因此，愿意批评我们的人和敢于批评我们的人是我们的贵人。对待批评，我们要有闻过则喜的境界和胸怀，善于从批评中吸收营养，从错误中汲取教训，这样，我们才会进步、成长得更快。

5. 高人指点，大开眼界

有句古训："常与高人相会，闲与雅人相聚，每与亲人相伴。"高人看问题的角度、高度都比一般人要胜一筹。所以，与高人相会，可以使我们学到许多东西。任何人都离不开他人的帮助，人的一生就是一个不断向他人学习、提高自己的过程。一个人能够走多远，关键在于与谁同行。经常和什么样的人在一起，你就会有什么样的人生。每一个人的成长和进步，将来能够达到的人生高度，与自身的努力分不开，而其他人尤其是高水平的人对我们的熏陶、帮助、提携则会使我们避免很多失误，少走许多弯路，做到事半功倍。

电视剧《如果岁月可回头》里有这么一段台词："读万卷书不如行万里路，行万里路不如阅人无数，阅人无数不如名师指路。"可见，人生不仅需要他人帮助，更需要他人特别是高人的指点，尤其在一些关键节点。当然仅有他人的指点，自己不努力也没有用。所以，有人说成长离不开高人指点、贵人相助和个人奋斗。贵人可遇不可求，但是他人的指点相助、个人的努力奋斗是我们成长进步不可或缺的两个方面，也是容易得到和容易做到的。一个好汉三个帮，每一个人都有迷茫的时候，有无助的时候，有拿不定主意的时候，有需要别人帮你坚定信心的时候，有遇事想找人商量的时候。而高人就可以帮我们指点迷津，正所谓"听君一席话，胜读十年书"。

何谓高人？

这里所说的高人不是高不可攀、遥不可及的人，也不是与我们一般人的工作、生活关系不大的某个专业领域的知名人士，比如航天英雄、潜艇专家，而是在某方面或者几个方面水平比我们高、能力比我们强，能给我们日常工作生活提供帮助或指点的人。高人一般可以分为这么几类：学历比我们高的人、读书比我们多且见解不凡的人（不是书呆子）、阅历比我们丰富的人、在某方面比我们有经验的人、学习能力比我们强的人、善于思考的人、比我们有智慧的人等等。这些人都是我们学习的榜样，也能给我们提供帮助。

正如文津图书奖得主吴军博士所说："对于智者，我总是对他们带有敬意，对他们的行事方式、一言一行格外留心，力争将他们的智慧变成自己的智慧。久而久之，我慢慢发现自己在见识和能力甚至运气上都提升了一个等级。"

高人往往是有智慧的人、聪明的人，用现在的话说，就是智商高、情商高的人。著名作家毕淑敏曾说："我愿同智商很高的人对话，愿同智商稍高于我的人共事。"有这么一个故事，据说晚清名臣左宗棠很喜欢下围棋，而且还是个高手，周围人都不是他的对手。有一次，左宗棠带兵出征出巡时看见有一间茅舍，横梁上挂着匾额"天下第一棋手"。左宗棠不服，入内与茅舍主人连下三盘，主人三盘皆输。左宗棠笑道："你可以将此匾额卸下了！"随后，左宗棠自信满满、兴高采烈地走了。没过多久，左宗棠得胜班师回朝，路过此处，又好奇地找到这间茅舍，见"天下第一棋手"的匾额仍未拆除。于是左宗棠入内，与主人再下了三盘，这次左宗棠三盘皆输。他大感诧异，便问茅舍主人原因，主人回答："上次对弈，您有任务在身，要率兵打仗，我不能挫您的锐气。如今您已得胜归来，我自然全力以赴，当仁不让啦。"高人有很多种，显然，这位茅舍主人就是一位。

你身边有高人吗？

我曾经与一位公司老总聊天时问他："你身边有高人吗？"他说他周围的人好像水平都不高。他的回答至少有两种可能。第一，他周围的人总体水平确实都不如他（这种情况是有的）；第二，这个人极其自负，谁也瞧不上，自认为各方面都比别人强。当然这里说的周围，在网络时代，不仅仅局限于地理距离上的远近。

身边有高人是我们的幸运。有人说自己不好意思求助于人，其实大可不必有这种顾虑。高人也是人，如果不是工作非常繁忙，无暇顾及，当有人求助时，绝大部分情况下他们会愿意与你聊天，乐于提供帮助。你能求助于他，说明你欣赏他，认可他的水平和能力，他帮助了你也体现了自己的价值。

本杰明·富兰克林讲过一段富有哲理的话："一个帮助过你的人，比一个你帮助过的人更愿意帮助你。"我们不必担心因求助于人显得自己水平不够。不懂就问，取长补短，本身就是一种谦逊、积极的态度，就值得人们尊重。他人的帮助可以使我们少走弯路，他人的指点可以使我们事半功倍，在他人帮助下取得的成功也是成功，也是属于你自己的成功。这种成功不仅展示了你的实力，也体现了你的胸怀和格局。

怎样寻找高人？

每个人身边都不缺智者和高人，只是我们有时候缺乏发现他们的智慧和眼光。另外，有的人愿意主动向他人学习，而有的人不愿意虚心向别人请教，甚至内心不承认高人的存在。所以，寻找高人首先要有谦逊的态度。人无完人，只要他人有比自己强的地方就值得学习。我们不一定是高人，但要知道谁是高人。就像我虽然不会打篮球，但是我知道谁的篮球打得好。如果你确实不知道身边谁是高人，可以观察周围人的态度，大部分人公认的高人一般就是高人。虽然说三人行必有我师，但由于所从事的职业不同，身处的环境不同，接触人的范围有大有小，不同的人接触到高人的机会也不一样。有的地方高手云集，有的地方寥若晨星。这就要求我们一方面要练就一双慧眼，善于识别高人；另一方面要扩大自己的交往范围，善于寻找高人。如果你觉得身边没有高人，自己也不是高人，而你又不甘心安于现状，那就努力使自己不断进步，成为别人心目中的高人。

第二章　能言善行——情商改变境遇

如果没有感恩之心，那我们的日子就会很难过，会对周遭的一切都感到不满。心存感恩会让我们变得积极乐观，让我们把目光更多地投放到那些美好的东西上，让财富与我们走得更近。而这也会为我们找到甚至是创造致富机会提供便利。心存感恩的人自然会受到大自然的青睐，得到大自然最美的恩赐，形成高尚的人格，成为最优秀也是最有成就的人。

　　　　　　　　——（美）华莱士·沃特尔斯《失落的致富经典》

1. 一句话，一辈子

"一句话，一辈子"是香港歌星周华健演唱的歌曲《朋友》中的一句歌词。在工作生活中因为一句话影响一辈子的事例很多。说好一句话非常重要，有时候别人的一句话会让我们终生难忘。关键时刻温馨的一句话，可能也会让人感恩一辈子，而有时候别人的一句话可能也会让你记恨一辈子。有时候自己脱口而出的一句话会让人追悔莫及，甚至痛不欲生。长篇大论有时候不一定有多大影响，只言片语却会让我们茅塞顿开，甚至会影响人的一生。

有一个谚语叫"语出三关"，意思是人们在每一次说话之前，首先要过三个关口。第一关，你说的是真的吗？第二关，这句话有必要说吗？第三关，这样说会伤人吗？我把这个谚语设置为我的手机锁屏，不用打开手机始终都能看到，它时时提醒我，说话一定要谨慎，三思而后言。

祸从口出

如果说每一句话之前都左思右想、字斟句酌，似乎要求太高，活得太累。但是至少应该考虑一下这句话该不该说，怎么说更好，尤其是在关键的时候。俗话说，"话有三说，巧说为妙"。曾经看过这样一则新闻：一个父亲因为女儿高考落榜，气不打一处来，劈头盖脸就是一顿臭骂，"你考得这么差，干吗不去死啊！"本来是一句气话，没想成为压垮女儿的最后一根稻草。女儿留下一封"对不起，让你失望了"的遗书后，走上了绝路。

人们常说，"不要做语言上的巨人，行动上的矮子。不能光看一个人怎么说，关键要看他怎么做。"这句话是至理名言。没有人喜欢说一套做一套，或者只说不做的人。但是在日常工作和生活中，虽然我们认为说话和做事同等重要，但往往更容易出现问题的是说话而不是做事。俗话说"祸从口出，"对自己、对他人伤害最多、伤害最大的往往也是语言。1825 年，沙皇尼古拉一世平定了一场叛乱，将其中一名叛乱领袖李列耶夫判处死刑。行刑的那一天，李列耶夫把绞刑架的绳索挣断了。在那个时代，出现这样的情况会被认为是天意赦免。李列耶夫站起身来，确信自己安全了，就喊道："俄国人连制造绳索都不会，还能做什么大事呢？"尼古拉一世本来已经签署了赦免令，但听到他说的这句话就改变了决定。沙皇说："让我们用事实来证明一切吧。"于是他收回了赦免令。第二天，李列耶夫再度被推上绞刑台——这一次绳索没有断裂。这个故事验证了一个道理：一个人的嘴，就是他的"风水"。

让别人高兴地帮你做事

我们在工作生活中免不了要求助于人，这个时候就要注意说话的态度、措辞以及表达的方式，做到谦逊、客气，尊重对方。在交流的过程中，要让对方感觉到被需要、被肯定和被尊重，这样对方就容易接受我们的求助。有一次，我们要将单位的中文简介翻译成英文，需要找一位英语比较好的老师做这件事情。大家商量了一下，觉得学院一位李老师的英文水平比较高，就把邀请任务交给了办公室主任。办公室主任在电话里说："李老师，您好，有件事情麻烦您，我们要把学院网站上的中文简介翻译成英文，需要找位老师来翻译，大家一致认为您的英语水平在我们学院是最高的，所以想请您帮我们翻译一下。"李老师听了以后，非常高兴地接受了这个任务，而且完成得很出色。

交流方式很重要

说话的语气和方式能反映一个人的修养。在这些方面有的人不太注意，说话的时候不假思索、自以为是、无所顾忌。有人说，人与人之间的沟通，70% 是情绪，30% 是内容。许多人都曾经有这样的经历：不管是在工作还是家庭生活当中，有时本来是一件简单的事情，由于一方情绪不好，比如急躁、抱怨或者说话声音太大等原因，要表达的意思或者沟通的内容被扭曲了。尤其是当有的人说话阴阳怪气时，就容易让人误以为是挑衅，把正常的沟通或者语言交流变成了争吵。所以与人沟通时一定要考虑时机、场合，甚至对方当时的情绪。另外，在说话的时候，应该尽量使用描述性的语言，而不是评价性的语言。因为我们对人对事的评价容易受个人认知水平高低、关系亲疏或心情好坏的影响，不一定都客观公正。如果我们的评价对方不认可，就会影响他人对我们的看法及接下来的对话。

在新媒体时代，人们交流的方式比原来多了，并且更加便捷，但是也带来一些问题，比如通过微信、QQ 交流，容易产生理解上的偏差，也容易产生误会甚至伤害。公司要给员工通知一件事情，一般会采用发短信、打电话或语音聊天等方式。若通知的对象比较多，而且通知的内容也适宜公开，也可以在工作群里直接通知。如果内容不宜在网上公开，则应该打电话通知。

由于现在人们每天接触的各种信息庞杂，为了避免因遗忘误事，有的事项通知时可以先打电话，然后再发短信，详细告知几月几日几点要做什么事情，收到信息的人想起来可以随时查看。当面沟通被认为是人与人之间最有效的沟通方式。面对面说话，可以看到对方的表情和反应，事情能够说清楚，交流也会比较顺畅。如果条件或者时间不允许，不能面对面，打电话比发信息效果要好，视频电话比语音电话效果要好。

有件事情，以前我一直不太理解：所在单位要给中央某部委汇报或者沟通一件事情，本来可以电话联系，但却要专门派人去北京。现在明白了，派人过去当面汇报，有许多好处：一是表达了本单位对这件事情的重视以及对上级的尊重；二是面对面交流能直接明确上级的态度，最重要的是能够把事情说清楚，交流更充分；三是便于双方之间的了解，有助于加深感情，便于以后开展其他工作。毫无疑问，这样的交流方式效果最好，成功的概率也高。2020年热播剧《三十而已》里有一段剧情：钟晓阳为公司签了一单合同，在回答女同事钟晓芹的疑问时，他说："你知道今天为什么这么顺利吗？我已经提前来了三次了，我早就发现咱们公司市场部那些大哥大姐们的毛病了，能发邮件，不打电话，要能打电话绝对不出门，其实有很多事情就是靠出门聊出来、碰撞出来的，只要你敢走出去，就会发现有无限的机会和惊喜正在等待着你。"

会说话，更要学会倾听

听和说是人与人之间语言交流的主要方式，有人说话就需要有人听。但人们往往重视的是我该怎么说，而忽视了应该怎么听别人讲话。事实上，很多时候不会说话不是因为我们不会表达，而是因为不会倾听。

小孩问大人："人为什么有两只耳朵一个嘴巴？"大人们会说："这是让人们要多听少说。"可是许多成年人常常做不到耐心倾听他人说话，听小孩说话时往往更缺乏耐心。"多听少说"这么简单的四个字，要做到似乎并不容易。正确的倾听有时候比说话更重要。我们应该时常反思自己，当别人说话的时候，有没有心不在焉？有没有敷衍了事？是不是等别人话说完了再发表意见？

倾听对于他人来说非常重要，认真倾听能够满足人们被尊重、被认可的需要。如果一个人在说话时没有人听，或者没有人认真听，或者时常被打断，那么他不仅无法准确传递自己的想法和情感，还会产生被拒绝、被忽视的挫败感。被倾听、被认可的人往往更自信、更有自尊，更有价值感和安全感，他们也更愿意分享自己的想法，也更容易去倾听和接纳别人。另外，倾听有助于准确地理解他人，有助于拉近我们与他人之间的距离，是有效沟通的基础。所以，在他人说话时，我们需要给予对方足够的礼貌与尊重，尽量做到神情专注，放下已有的想法和判断，倾听他人语言背后的感受和需要。

倾听是一门学问，也是一种态度，更是一种能力。会说话是双方交流的必要条件，而学会倾听是良好沟通的充分条件。卡尔·罗杰斯说："如果有人倾听你，不对你品头论足，不替你担惊受怕，也不想改变你，这多美好啊……每当我得到人们的倾听和理解，我就可以用新的眼光看世界，并继续前进……这真神奇啊！一旦有人倾听，看起来无法解决的问题就有了解决办法，千头万绪的思路也会变得清晰起来。"这段话具体形象地说出了每个人都渴望被倾听和倾听产生的神奇力量。每一个人都要加强自身修养，努力做一个耐心的倾听者，倾听不同的声音，遇见本来的自己。

正确处理好听与说的关系

处理好听与说的关系，应当注意这几个方面。第一，先听后说。与人交流时，先让对方讲，对方讲完以后自己再说，这是对别人的一种尊重。先让对方发言，会避免我们先入为主，草率发表观点甚至陷入被动。了解了对方的想法，我们说话才能有的放矢。所以，即使不认同对方的观点，也要耐心让他把话说完，再发表意见。第二，多听少说。"言之不言尽，言多必有失"，喜欢说而不喜欢听是人性的弱点之一。在与人谈话时，人们常犯的错误就是自己说的太多，认真倾听的太少，有时候甚至两个人抢着说，结果不仅未能达成沟通目的，反而还可能造成无法收场的尴尬场面。讲话的时候还要注意不能着急，语速不宜过快。如果我们注意观察就会发现，古往今来大部分重要人物在说话的时候，语速都比较慢。第三，听时不说。当别人说话的时候，自己不要说话。当人多的时候要一个一个地说。大人有时候训斥小孩："大人说话的时候小孩不要插嘴。"不仅是小孩，我们跟任何人讲话的时候，都不要随便插嘴，而要放下自我关注，让对方充分表达自己的想法和感受，然后自己再讲。另外，说话的时候还要注意停顿，让其他人有说话和互动的机会，否则会引起他人的不适。我有一个同学口才非常好，话也比较多，只要跟他在一起，不管周围有多少人，主要是听他在说话。七八个人在一起吃饭聊天的时候，他的话基本就不停，其他人几乎插不上嘴。时间长了大家都感觉不舒服，也就不太愿意找他一起聊天了。第四，用心倾听。别人讲话的时候，我们要克制自己说话的欲望，耐心倾听，不打岔、不评判，注意感受对方话语里隐藏的想法和要表达的意思。

耐心倾听才有同理心

当人们情绪低落或者为某件事而纠结的时候，一般都渴望找人诉说。比如失恋的时候、被老板批评的时候、工作没有干好的时候、事业失败的时候，或者纠结于要不要干某件事情的时候，等等。这些时候就需要有一个好的倾听者。但全神贯注地倾听并不是一件容易的事情。法国作家西蒙娜·薇依说："倾听一个处于痛苦中的人，不仅十分罕见，而且非常困难。那简直是奇迹，那就是奇迹。有些人认为他们可以做到，实际上绝大部分的人还不具备这种能力。"当他人遭遇痛苦向我们诉说时，我们常常出于好心，不等对方说完，就表达自己的态度和感受，安慰对方或者提出一些建议。实际上诉说者很多情况下主要是想表达痛苦、宣泄情绪，并不奢望得到安慰或者建议。所以，别人诉说时，要耐心倾听，把注意力和兴趣放在倾诉者身上，全心全意体会对方的情绪和感受，这就是对他人最大的关心和帮助。有一句佛教格言恰如其分地告诉了我们在倾听时应有的态度："不要急着做什么，站在那里。"

常常有这样的现象，一个员工给老板汇报工作，话还没有说完，老板就粗暴地制止："我不想听，不用说了，你怎么想的，我还不知道吗？"小孩子因误会被老师在同学面前批评，回家后给家长说："妈妈，我给你说，事情是这样的……"妈妈很不耐烦地说："你还有什么好说的，老师不会无缘无故地批评你，肯定是你做得不对。"我们真的知道别人怎么想的吗？真的了解实际情况吗？

"让人说话，天塌不下来。"可是我们经常剥夺人说话的权利，不愿意耐心听人把话讲完。这看似是一件小事，实际上是一个人修养的体现，也是我们是否尊重他人、能否平等待人的体现。给他人说话的机会，耐心地听他人讲话，对许多人来讲，是需要一辈子修炼的事情。

　　许多好事、坏事、高兴的事、后悔的事之所以发生，往往是因为一句话。多说一句话、少说一句话，说错一句话、说对一句话，早说一句话、晚说一句话，其效果及后果有可能完全不一样。一句话不简单，能不能说好，要不要说，什么时候说，它体现的是一个人的修养、格局以及控制情绪的能力。

　　创造幸福生活，从好好说话开始。

2. 吃水不忘挖井人

《诗经》有云："投我以桃，报之以李。彼童而角，实虹小子。"《礼记·曲礼上》写道："礼尚往来，往而不来，非礼也；来而不往，亦非礼也。"近年来，感恩这个词被屡屡提起，许多学校开展各种形式的感恩教育，这是社会进步的表现，也说明人们普遍认识到做人要知恩图报。

小学语文课本上有一篇课文《吃水不忘挖井人》，讲的是毛主席在江西领导革命的时候，住在瑞金城外一个叫沙洲坝的村子，发现村民吃水很困难，于是就召集村里人商量着挖一口水井。大家一起勘察水源，选择井位。当井位确定后，毛主席带领大家经过十几天的奋战，挖成了水井，沙洲坝的人民喝上了清澈甘甜的井水。群众激动地说："我们从来没有喝过这么甜的水，毛主席真是我们的大恩人呐！"新中国成立以后，沙洲坝人民在井旁立了一块石碑，上面刻着："吃水不忘挖井人，时刻想念毛主席！"通过学习这篇课文，我一方面深深地感受到毛主席始终把人民群众的利益放在心上，帮助人民群众解决实际困难的情怀，另一方面也受到了一次生动的感恩教育，懂得了只要我们为人民群众做了实事，对他们有帮助，大家就一定不会忘记。

然而在现实生活中，有的人得到了他人的帮助，却丝毫没有感激之意。比如在公交车上，当热心乘客给需要帮助的人让座时，有的受助者一句感谢的话也没有。更有甚者，非但不知感恩，而且忘恩负义。2008年，某著名影视演员偶然看到一个家境贫寒的男孩刻苦求学的故事，非常感动，后经多方打听联系上这个男孩，并给予他精神上和物资上的帮助。十年间，她承担了这个孩子全部学费，还另外给他每月500元的生活费。这个男孩考上大学后，这位影视演员认为男孩此后应该有了基本的生存能力，便停止了捐助。可没想到，这个男孩居然因此写文章骂这位影视演员，上演了一部现实版的"农夫与蛇"的故事。虽然这只是一个特例，却着实让人心寒。

不能苛求好人

乐于帮助他人的人，虽然有一颗善良的心，但是也有普通人的一面，他们也有自己的生活，有自己的无奈。因此，不能对好心人存有过高的道德要求和期待。《菜根谭》里有这样一段话："为恶而畏人知，恶中尤有善路；为善而急人知，善处即是恶根。"大意是，一个人做了坏事而怕人知道，可见这种人还有羞耻之心，也就是在恶中还保留着一颗向善之心；一个人做了善事而急于让人知道，就证明他做善事只是为了贪图虚名和获得赞誉，那么在他做善事时，已种下了可怕的祸根。按照这段话的意思，人们做好事不但不能求回报和感恩，而且最好不要让人知道，也就是提倡人们要做无名英雄。做了好事不留名，这种人是有的，也值得我们学习。对于绝大部分人不能有这么高的要求，只要愿意帮助他人，经常做好事，就已经很不错了。

学会感恩，应当注意以下四个方面：第一，得到他人帮助，我们一定要有感恩之心，能回报的尽量及时回报，即使无以回报，也要始终心存感恩。在这个世界上，没有谁对你的帮助是理所当然的，包括成年后仍然帮助你的父母。感恩有很多种方式，不是所有的帮助都需要用物质来回报，有时候仅仅需要说一声谢谢或者回应一个感谢的动作。有的人给予他人帮助并不要求有任何回报。第二，要表达出我们的感恩之心，让帮助我们的人感受到。表达方式多种多样，有的可以当面表达谢意，比如自己的东西不小心掉了，别人提醒我们，就应当立即说声谢谢。有的不能当面表达，可以打个电话或者写一封信。在网络信息时代表达谢意就更方便了，通过微信表达谢意，过节的时候致以问候，对方觉得你始终记着他的好，心里肯定暖暖的。如果条件允许，也可以给对方寄一个小礼物。第三，既要感谢给予物质帮助的人，也要感谢给予我们精神支持或帮助的人。别人请吃了一顿饭，我们常常会一直记在心上，想着什么时候要回请对方。而当我们因某件事情一筹莫展时，朋友一个绝妙的主意或点子使我们豁然开朗或者绝处逢生，对此往往很快遗忘，即使记着也没有觉得是一个很大的恩情。第四，既要感谢给我们带来实际好处的人，同时也不要忘了那些没有给我们带来现实利益，但他们的言行使我们避免损失、少走弯路甚至进步更快的人。按照一般人的惯常思维"我为你做了些什么"似乎远比"我帮助你避免了什么"更容易让人感恩戴德。这一点应该引起我们的注意。比如关键时候别人的一句话，就可能使我们如梦初醒或者悬崖勒马，避免做出追悔莫及的事情。

知恩图报会使社会更加美好

有人说，人与人之间的失望与不快，有一些就源于"你为什么不感谢我"和"我为什么要感谢你"。施恩的人惦记着回报，被施恩的人遗忘了感恩。因此，我们还是要提倡感恩。当别人有恩于我们时，我们即使做不到涌泉相报，至少应该有感恩之心，说一句感谢的话。许多人做好事的时候并不求回报，不求回报是不需要对方费心思的感谢，或者给予物质上或其他方面的回报，但并不意味着他不需要精神上的回报，也并非他连一声谢谢也不需要。

人们往往希望自己做的事情能够得到别人的肯定和赞扬。当人们得到他人的肯定和赞扬时，不但当时心情愉悦、舒畅，而且以后会继续愿意做这样的事情。我们之所以提倡人们要有感恩之心，就是要让好人高兴地去做好事，坚持做好事，也影响和带动更多的人加入做好事的行动。

当别人热心地帮助了我们，我们一声"谢谢"都没有，正常情况下对方心里肯定会不舒服，何况有时候帮助他人还要冒一定的风险。比如在公交车上看到有小偷正在偷你的东西，有人暗示或者大声提醒你。这种情况下，如果你还无动于衷，不诚恳地说声谢谢，不但会使好人的心凉，也会给公交车上其他乘客留下一个不好的印象，这样谁还愿意去做好事，谁还愿意去帮助别人呢？所以，当别人帮助我们的时候，一定要心存感激。如果条件允许，就及时把你的谢意表达出来。把别人的"好"说出来，他会做得更好；把别人对你的"好"说出来，他会对你更好。每一个人都更愿意听到"谢谢"，而不是"对不起"。

在家里也是一样，如果男人懂得感恩妻子辛勤操持家务，赞赏妻子做的饭菜，肯定大扫除后家里发生的变化，常说感恩和赞扬的话，那妻子会怎么样呢？她会更加快乐，她会愿意为此付出更多。

每一个人的一生，都离不开他人的帮助，不管是上学、工作还是生活。有的小事也许很快就忘了，但是当静下心来时，我们是否偶尔会想起，这一生对我们帮助最大的有哪几个人，我们是怎么对待他的？是不是还惦记着对方的恩情，有没有给予物质或者精神上的回报呢？

心存感恩的人更快乐

如果我们每天都心存感恩，常念别人的好，而不是充满愤怒或者抱怨，人际关系会更和谐，心态会更平和，心情会更愉快，身体会更健康。科学研究也证明，常怀感恩之心可以使一个人睡眠更好，精力更加充沛；懂得感恩可以减少抑郁，减少焦虑；感恩的人更能体谅宽容，更容易与他人愉快相处。正如《失落的致富经典》一书的作者华莱士·沃特尔斯所说："如果没有感恩之心，那我们的日子就会很难过，会对周遭的一切都感到不满。心存感恩会让我们变得积极乐观，让我们把目光更多地投放到那些美好的东西上，让财富与我们走得更近。而这也会为我们找到甚至是创造致富机会提供便利。心存感恩的人自然会受到大自然的青睐，得到大自然最美的恩赐，形成高尚的人格，成为最优秀也是最有成就的人。"

当他人需要帮助的时候，如果力所能及，绝大多数人会施以援手，之后，受助者有的会感恩，有的不会感恩，但是许多人仍然会坚持去帮助。做好事总比做坏事心情要好一些，做完好事之后，人们心胸会很坦荡，觉得自己是对社会和他人有用的人。更何况个人的幸福、社会的和谐需要弘扬"人人为我、我为人人"的良好风尚。今天我们帮助了别人，明天别人可能会帮助我们。要追求真正的快乐，就必须抛弃奢望别人感恩的念头，只享受付出的快乐。有一句话叫"多栽花少种刺"，帮助别人显然要比伤害他人对我们的结果要好。我们帮助了十个人，有一个人感恩也是一件好事情。

受过我们帮助的人，即使我们没有感受到他的感激之情，但是至少以后伤害我们的可能性不大，毕竟忘恩负义或者恩将仇报的人是极少数。知恩图报才是人之常情，不是不报，只是时候未到。

感恩没有高低贵贱之分

对父母我们要报答他们的辛劳养育之恩，对老师我们要感激他们的辛勤培育之恩，对提携、帮助我们的领导、同事，我们要感念知遇之恩。没有谁对我们的帮助是天经地义、理所当然的。当晚辈给长辈提供帮助的时候，长辈不能倚老卖老。比如，当小朋友给老人让座的时候，老人也要说一声"谢谢"；当学生帮助老师的时候，老师同样要心存感激；当你身居高位，下属对你提供帮助的时候，也不能认为那是理所应当而心安理得。

别人帮助我们，我们要心存感恩，表达谢意。但是当我们自觉自愿去做好事的时候，要尽量抱着不求感恩、不求回报的想法。许多做慈善的人就是心存这种想法去帮助他人。将愿意帮助别人作为我们做人的准则，不必考虑受助的人怎么做，其他人怎么看。如果自己不这样做，良心可能过不去。抱着这样的心态去帮助他人，即使对方没有表达谢意，也不会影响我们的心情。要追求真正的快乐，可以试着抛弃期待别人感恩的念头，只享受付出的快乐。

有人认为，帮助他人一般不应考虑其他因素，比如对方的人品、身份或其他方面的差异。但也有人认为帮助他人应该有所选择，比如做慈善事业，给他人经济资助时，要甄别对方的信誉、人品等因素。

《读者》杂志曾经刊登过一篇文章，讲的是一个菲律宾的老华侨，打算资助家乡的贫困学生，老人分别给家乡几所学校的校长写了信，希望每个学校能提供十来个学生名单，以便他从中确定人选，作为资助对象。名单很快就到了老人的手里。老人让家人买来了许多书，分门别类包装好，在书的扉页上有老人的亲笔赠言：赠给品学兼优的学生××，落款处是老人家的住址、姓名、电话和电子邮箱。书寄出去了半个月，老人常常对着电话发呆，有时莫名其妙地唉声叹气。从黄叶凋零到瑞雪飘飞，谁也猜不透老人为何烦恼。

新年前老人收到了一张很普通的贺卡，上面写着："感谢您给我寄来的新书，虽然我不认识您，但我会记着您。祝您新年快乐！"没想到老人竟然兴奋地大呼小叫："有回音了，有回音了，终于找到一个可资助的孩子！"家人这才恍然大悟，终于明白老人这些日子郁郁寡欢的原因。他寄出去的书原来是块"试金石"，只有心存感激的人才有资格得到他的资助。老人说，我的血汗钱只给那些配得到它的孩子。

土地失去水分滋润会变成沙漠，人心没有感激滋养会变得荒芜。不知感恩的人，往往冷漠自私，不知关爱别人，纵使给他阳光，日后也不会散发出自身的温暖，也不配得到别人的爱。

老人的做法告诉我们，一方面，没有一种给予是理所应当的，因此，对他人的帮助应当心存感激，不能无动于衷、心安理得。另一方面，心地善良、知恩图报的人，更容易得到帮助。尽管我们可以帮助任何需要帮助的人，但是通常会优先帮助那些有感恩之心的人。朗达·拜恩在《魔力》一书中写道："心怀感恩之人将被赐予更多，变得富裕，不曾感恩的人，连他所拥有的也要被夺去。"好人、好事是社会提倡的正能量，努力做一个有原则的好人，生活一定会更加美好。

3. 你伤害过别人吗？

趋利避害是人的天性。人们都希望一生平安、少受伤害。那么，在和平年代、现代社会，除了自然灾害（包括瘟疫）、违法犯罪行为对人们造成的伤害以外，我们还有没有可能受到伤害呢？答案是肯定的。比如，我们有时候会郁郁寡欢、情绪低落，有时候会怒火中烧、忍无可忍。这些负面情绪的产生，除了自身因素以外，更多的是来自他人的伤害。在现代社会，人们受到的伤害，更多的也是精神上的，而且伤害大多来自身边的人，比如家人、同事、朋友，而且这种伤害更多是语言上、心理上的。

怎么看待"刀子嘴豆腐心"？

按照马斯洛的需求层次理论，当生存、安全需求得到保障后，人们渴望更多的是精神上的满足、人格上的尊重。《非暴力沟通》一书写到，言语上的指责、嘲讽、否定、说教以及任意打断、拒不回应，随时出口的评价和结论，这些给我们带来的情感和精神上的创伤，甚至比肉体的伤害更加令人痛苦。肉体的伤害痛及一时，但情感和精神上的伤害却会不知不觉地埋下祸根。

许多人都曾有过这样的经历，有的人说话时口无遮拦，毫不顾忌他人的感受。比如，"就你这水平，没被开除就不错了""你都三十了，再不结婚就没人要了……"这些话语看似轻描淡写，实际上已经严重伤害了你，而对方一句"我是刀子嘴豆腐心"让你更加生气，而且无所适从。如果你生气了，对方轻则说你太较真，重则说你气度太小、胸怀不够，甚至还招来一些人的嘲讽。

语言上的伤害本质上是缺乏尊重他人的意识。良好人际关系的基础是相互尊重，没有尊重，就无法产生和谐的人际关系。因为没有人格上的尊重，人与人之间就不能顺畅地交流，没有人会去认真倾听一个无法令自己尊重或者不尊重自己的人讲话。

有人说，我从来不相信什么"刀子嘴豆腐心"。言为心声，你说什么样的话，就是什么样的人，但凡刀子嘴的，都有一颗刀子心。这话虽然说得有点绝对，但是，无论怎么样的心直口快都不应该建立在使他人难堪甚至痛苦的基础上。许多时候，标榜自己说话直的人，只是不愿意花心思考虑他人的感受罢了。实际上，仔细观察后你会发现，有的人并不是对任何人说话都直来直去。教养的最高境界，是让人舒服，而教养最直接的体现便是不让人难堪。《礼记》有云："君子约言，小人先言。"意思是君子谨慎说话，小人妄言妄语。一个说话举止得体、懂得考虑对方感受的人，更容易获得大家的喜欢和尊重。有句话说得好，"良言一句三冬暖，恶语伤人六月寒"。"刀子嘴豆腐心"的人从表面上看似乎是性格直率，实质上是修养不够。

要做到好好说话、尊重他人，就要加强读书学习，不断提高个人修养，养成换位思考的习惯，做到"己所不欲，勿施于人"。说话时要讲究语言艺术，避免言语伤人，想好了再说，等一分钟再说，慢慢说。赫西俄德在《工作与时日》一书中写道："人类最宝贵的财富是一条慎言的舌头，最大的快乐是它的有分寸的活动。如果你说了什么坏话，你不久就将听到有关你的更大的坏话。"

人人都渴望得到尊重

家长批评教育孩子时，孩子的目光如果偏离家长视线，大人可能会说："我和你说话的时候，要看着我！"试想想，又不是用眼睛去听，要求孩子注视你有什么意义呢？眼睛互动实际上是家长希望得到孩子充分的关注和尊重。反过来，孩子也需要大人的关注和尊重。记得我的孩子三岁时，有几次主动跟我说话，如果我左顾右盼，没有看着他，他就会停下来，双手抱着我的头转过来面对着他，然后再接着说。声名显赫、事业有成的人往往更容易令人瞩目和尊重，尤其是各行各业的佼佼者。然而，有的人被关注太多，以致于影响到正常生活，不堪其扰，时间长了，便会对他人的关注和尊重熟视无睹。而普通人，尤其是处于社会底层的人，由于工作环境、收入差异等原因，往往不被人注意。作为一个有修养的人，应该对任何人都给予足够的尊重。

有的人见面鞠躬，就是人与人之间相互尊重的表现。从鞠躬的动作看，是在他人面前放低姿态。尊重他人就是要言行举止有礼貌，为人处事有分寸，不惺惺作态，不嚣张跋扈。不管你有多优秀，都不要目中无人；不管你有多富足，都不要高调炫耀。仓央嘉措说："我以为别人尊重我，是因为我很优秀。慢慢地我明白了，别人尊重我，是因为别人很优秀，优秀的人更懂得尊重别人。对人恭敬其实是在庄严你自己。"一个懂得尊重他人的人，往往能够察人之难，谅人之过；一个懂得尊重他人的人，不会只用自己的标准衡量人，不会只用自己的想法约束人。他会重视别人的优点，珍惜别人的付出，记人之善，忘人之过。正如《菜根谭》里所讲，"不责人小过，不发人阴私，不念人旧恶。"

尊重的前提是平等待人

平等地对待他人是尊重人的基本前提之一。如果潜意识里就把人分为高低贵贱，不能平等地对待每一个人，或者自觉高人一等，则根本谈不上尊重。平等体现在许多方面，从大的方面讲，比如男女平等、种族平等、国家间的平等……从日常生活方面讲，比如老师平等对待学生，父母平等对待孩子，老板平等对待员工等。人人都渴望平等，但平等却是最不容易令人满足的一个价值追求。人们总觉得自己在某些方面没有得到平等的对待。当然，平等是相对的，任何国家、任何社会、任何地方、任何历史时期都不可能做到绝对平等。因为一方面的平等往往会带来另一方面的不平等。

对于个人来讲，要做到内心平等看待所有人，行动上平等对待每一个人。很少有人承认自己是一个势利的人，但实际上许多人对待不同的人和事往往态度不同。我有一个关系非常好、联系也比较密切的朋友，为人正直善良，但有一个不好的习惯，我给他发微信、发短信、QQ留言时几乎从不回复。见面的时候，他有时会说："我看到你发的消息了，没有给你回复。"我总说没关系。但事实上是不是真的没关系呢？由于各种原因，我们对不同的人发的信息重视程度不同，有时候由于当时工作繁忙，没有及时回复，后来就忘了回复。但是，反过来说，我们是不是对每一个人的信息都不回复或者不及时回复呢？比如孩子的班主任、公司老板、上级领导等。其实换位思考一下，这个问题就很清楚了。如果别人不回复你的信息，你会高兴吗？处理这个问题的方法非常简单，那就是在礼貌上、在礼节上对所有人尽量做到一视同仁。这样做没有任何坏处，但是不这样做，一定会对你有影响。

所以，对别人的信息应该尽量及时回复。即使由于工作繁忙、看到信息晚了，也要回复，可以写上"抱歉，我刚看到你的信息"。回复晚了总比不回复要好，对方一定能够理解，因为不是所有人都有时间随时拿出手机来看一看。就在写这段话的时候，我想起半年之前，我的一位大学同学曾经用微信语音通话的方式联系过我，当时我没有设置微信语音来电的铃声，没有听见，过了很长时间才看到，偶尔也会想起这件事，但是一直也没有回复他。想到这里，我立即放下手中的笔，拿起电话给他打了过去。

做人做事姿态低一点、说话轻一点。天外有天，人外有人。

爱因斯坦说，当你看得起任何人的时候，你离成功也不远了，当你看不起任何人的时候，你离失败也不远了。把自己看得太高，只会被别人看低。把自己看得太重，只会被别人看轻。

如果人们内心里平等地对待每一个人，自然就会尊重每一个人，友善对待每一个人，而不会考虑他是政府官员、小学老师还是环卫工人、外卖小哥。我们单位有一位女同事，她对每一个人都非常客气，不会因为你是领导就过分热情，也不会因为是普通员工就漠然视之。在我们楼上做保洁的是一个来自农村四十多岁的中年妇女，她每一次见到这个保洁员时都热情打招呼，保洁员打扫卫生的时候，这位同事就帮忙移开凳子，保洁员拖地的时候，她就主动把办公室地上的插线板挪走。有一次，这个女同事在办公楼外面碰见这位保洁员手里提着一袋子梨正往外走。跟往常一样，她热情地打招呼，这位保洁员硬要塞给她两个梨，她说不要，但是保洁员追着一定要塞给她，眼睛里充满着真诚，让我这位同事非常感动。她说："每一个人都希望得到尊重，你尊重她，她自然会记在心里、对你好，我尊重每一个值得尊重的人，不论他们的职业是什么。"

处于上位时不忘尊重他人

处于同一阶层的人，做到平等相待、相互尊重比较容易。而当一个人处于某种身份关系的上位时，就容易在语言或行动上显示自己的权威，潜意识中使双方形成命令与服从的关系。比如我们经常看到，父母训斥孩子，老师批评学生，领导指责下属，等等。一个人无论拥有什么样的身份和地位，都要保持清醒的头脑、良好的心态，不因得意而沾沾自喜，也不因失意而郁郁寡欢。著名作家贾平凹在谈到他的长篇小说《暂坐》时曾这样讲："人都是到这世上逗留那么一下，就像到茶馆里坐下喝了几杯茶，歇了那么一下，停了那么一会，就过去了。不管你是弄啥的，在这个世界上作用大小，是翻江倒海、叱咤风云，还是忙忙碌碌、平平庸庸，也都是在这个世界上停那么一下。当时看着不得了，可过上几百年、几千年，人们再提说起来，也就那么一会工夫，也就那么回事，要和那茫茫宇宙比起来，那更是一瞬间的事。"

一个人心情不愉快，许多情况下是由于内心过分高看自己，无论是在工作还是家庭生活当中基本都是如此。许多人可能意识不到，或者不肯承认，但其语言或行动上往往表露无遗，尤其是身处高位或被"众星拱月"之时。国家传染病医学中心主任、复旦大学附属华山医院感染科主任张文宏曾说，书读多了，就知道不能欺负老实人，要善待年龄比你小、权力没有你大的人。提升自身的修养对每一个人来说都是一辈子的事情，当身处逆境时不自卑，当光彩照人时不自傲。

俗话说，"三十年河东，三十年河西"，江山代有才人出，不管在什么时候都要保持一份清醒和冷静，努力做到平等地看待每一个人，尊重每一个人。尊重人最关键的就是不要伤害他人的自尊。因为一旦侵犯到他人的尊严，不管你是有意还是无心，对别人的伤害往往会持续很长时间，甚至一辈子。

只有一个人的人格和修养才能最终赢得人们内心真实的尊

重和敬仰，无论什么时候，心怀谦卑，才能行稳致远。今天是一株小草，明天可能会长成参天大树；今天是你的学生，明天可能成为你孩子的老师。所以，老师要尊重学生，领导要尊重下属，父母要尊重孩子，我们要尊重身边的每一个人。

4. 你做过违法的事情吗？

以前主讲法律基础课的时候，我经常问学生一个问题："你做过违法的事情吗？"学生往往面面相觑，不知道该如何回答。我想这个问题也许太直接了，不好回答，毕竟谁也不愿意承认自己有过违法行为。于是我就换了一种提问方式，"各位同学，请大家考虑一下，确信你从小到大没有做过违法事情的同学，请举手。"这个时候120多个同学里有五六个举手，有个别同学犹犹豫豫不知道该不该举手。

我们中的许多人都曾经做过一些自己认为不应该做甚至感到懊悔的事情，然而大家并不清楚哪些事情是违法的。我接着又问学生，"从小到大从来没有闯过红灯的同学，请举手。"这个时候一般会有三四个同学举手，可见我们好多人都有过闯红灯的经历。那么闯红灯的行为是不是违法呢？《中华人民共和国道路交通安全法》（以下简称《道路交通安全法》）第三十八条规定，"车辆、行人应当按照交通信号通行；遇有交通警察现场指挥时，应当按照交通警察的指挥通行；在没有交通信号的道路上，应当在确保安全、畅通的原则下通行。"第六十二条规定，"行人通过路口或者横过道路，应当走人行横道或过街设施；通过有交通信号灯的人行横道，应当按照交通信号灯指示通行；通过没有交通信号灯、人行横道的路口，或者在没有过街设施的路段横过道路，应当在确认安全后通过。"因此如果过马路时没有按照交通信号灯指示通行，就违反了《道路交通安全法》。在城市里生活，上街过马路，要走人行横道，那么法律对于应该在哪里走路有没有规定呢？《道路交通安全法》六十一条规定，"行人应当在人行道内行走，没有人行道的靠路边行走。"然而是不是每一个人走路的时候都做到了呢？如果没有做到，就违反了《道路交通安全法》。

道德与法律的界限

道德和法律是社会的两种重要规范，我们一般人对道德更熟悉一些。绝大部分人都知道哪些事情是不对的、不道德的、不应该做的，比如说在电影院大声喧哗、借别人钱不还、损坏公物、将他人财物据为己有，等等。违反法律行为较轻的称为违法行为，对社会危害性比较大、触犯《中华人民共和国刑法》（以下简称《刑法》）的，则称为犯罪行为。许多人都知道捡到他人的钱拒不归还是不道德的，却不一定清楚是否违法。按照我国《刑法》规定，这种行为可能构成犯罪。《刑法》第二百七十条规定，"将代为保管的他人财物非法占为己有，数额较大，拒不退还的，处二年以下有期徒刑、拘投或者罚金；数额巨大或者有其他严重情节的，处二年以上五年以下有期徒刑，并处罚金。将他人的遗忘物或者埋藏物非法占有，数额较大，拒不交出的，依照前款的规定处罚。"那么，怎么样避免违法犯罪行为呢？有一个非常简单的方法：只要是违反道德的做法、有可能侵犯他人利益的行为，都不要去做。

道德和法律之间有时候只有一步之遥，甚至没有特别明确的界限。2011年10月26日凌晨2点，浙江省龙游县一个女子陈某与朋友吃完夜宵，回到家里。丈夫郑某因深夜久等妻子不归，二人发生激烈争吵。激动的陈某跳入小区旁边的一条河里要自杀。下河后冰凉的河水让陈某清醒了不少，她放弃了轻生的念头，慢慢向岸边游，丈夫郑某紧随其后，跟了过来，他想把妻子拉上岸。只可惜，阴差阳错，他非但没把妻子拉上来，自己也掉了下去。陈某会游泳，爬上了岸。但丈夫郑某不会游泳，在水里扑腾。上岸之后的陈某没有去救她的丈夫，也没有打报警电话求助，而是哭着跑到娘家。直到父亲追问，她才说出了河里发生的一切。陈家人赶紧报警，但为时已晚。几个小时后，丈夫的尸体被打捞上岸。事后，大家都对妻子陈某的行为非常气愤，觉得她做事情太差，说找媳妇千万不要找这样的女人。那么，她的这种行为有没有违法或者构成犯罪呢？对她这种行为要不要进行处罚呢？2012年8月21日，浙江省龙游县人民法院以故意杀人罪判处陈某有期徒刑八年。

这个案例似乎跟我们一般老百姓理解的杀人不太一样。按照我们国家《刑法》的规定，故意犯罪的行为分为直接故意和间接故意两种情况。间接故意是指明知自己的行为可能发生危害社会的结果，并且放任这种结果发生的心理状态。所谓放任，是指行为人对于危害结果的发生，虽没有积极追求，但也没有有效地阻止，即无所谓希望，也无所谓反对，而是放任自流、听之任之。另外，犯罪行为既有作为，也有不作为，陈某这种行为就是一种间接故意、不作为形式的故意杀人。

一般人没有必要也不大可能对所有法律都熟悉。但是每一个人都要清楚，不要去做违背常理、有可能损害他人的事情。比如说夫妻之间有相互帮扶照顾的义务，当一方遇到困难或者处于危险时，要及时救助。再比如，近年来，一些地方屡屡发生的高空抛物现象，让生活在城市的人们惊恐万分。住在楼上的人"随手一抛"，时常会对楼下行人造成不同程度的伤害，有的"侥幸"逃过一劫但却吓得魂飞魄散，有的身体健康受到严重伤害，有的甚至付出生命的代价。众所周知，高空抛物是一种严重违背社会公德的行为，但是这种行为要承担什么样的责任，承担多大的责任，许多人并不清楚。

2019 年出台的《最高人民法院关于依法妥善审理高空抛物、坠物案件的意见》指出，"高空抛物、坠物行为损害人民群众人身、财产安全，极易造成人身伤亡和财产损失，引发社会矛盾纠纷。""故意从高空抛弃物品，尚未造成严重后果，但足以危害公共安全的，依照刑法第一百一十四条规定的以危险方法危害公共安全罪定罪处罚；致人重伤、死亡或者使公私财产遭受重大损失的，依照刑法第一百一十五条第一款的规定处罚。"也就是说，高空抛物尚未造成严重后果但足以危害公共安全的，处三年以上十年以下有期徒刑；致人重伤、死亡或者使公私财产遭受重大损失的，处十年以上有期徒刑、无期徒刑或者死刑。该法律规定对教育公民提高公德意识、打击高空抛物行为、遏制此类现象再次发生，发挥着重要作用。

自 2021 年 3 月 1 日起施行的《中华人民共和国刑法修正案（十一）》新增高空抛物罪，将这种不文明行为单独入刑，明确规定从建筑物或者其他高空抛掷物品，情节严重的，处一年以下有期徒刑、拘役或者管制，并处或者单处罚金。有前款行为，同时构成其他犯罪的，依照处罚较重的规定定罪处罚。

"好人"会犯罪吗？

犯罪距我们有多远？犯罪的是不是都是坏人？毋庸置疑，绝大部分人都不想犯罪，绝大部分人也不会犯罪。但是，是不是我们不想犯罪，就能确保今后一定不会犯罪，或者说一定能够避免犯罪呢？绝大部分犯罪分子是人们一般道德评判上的坏人，比如强奸犯、盗窃犯、诈骗犯。但是对于有的实施了犯罪行为的人，却不好说他是不是一般意义上的坏人。

举个例子，56 岁的梁某是陕西省蓝田县某村村民。2011 年 3 月 26 日，梁某和本村村民一起闲聊时，看到朋友杨某路过，他想和杨某开个玩笑，便突然上前，从后面抱住杨某的腰。杨某被突如其来的状况吓了一跳，本能地反抗。不料杨某在挣脱时，踩到梁某的脚尖，梁某退让不及，抱着杨某同时向后摔倒在地。不幸的是，杨某倒地时头部撞到了水泥路面，严重受伤，流血不止。梁某等人赶紧把杨某送到医院救治，可是因伤势太重，杨某抢救无效死亡。大家都感到这个事情太不可思议，一个玩笑惹了这么大的祸，后果如此严重，梁某的行为是不是构成犯罪呢？蓝田县人民检察院认为，梁某开玩笑过火，应该预见到自己的行为可能造成他人死亡的结果，但因疏忽大意而未预见到，应依过失致人死亡追究刑事责任。最后的审判结果是，蓝田县人民法院以过失致人死亡罪判处梁某有期徒刑五年。

梁某是村民心目中公认的好人，一个老实巴交的农民。此事发生后，梁某懊悔不已，他做梦也没想到，自己的一个小玩笑竟会导致朋友杨某丢了性命，自己也因此被判刑五年。周围的村民也都为他们感到惋惜。类似的例子在日常生活中也时有发生，比如，大喊一声也可能要人命。在毫无戒备的情况下，人突然受到惊吓，真的有可能会被"吓死"。特别是胆子小的人或有心脏病、高血压的人，受到惊吓后，可能会导致脑部缺血或急性心梗，当场晕倒或死亡。在黑夜中行走，突然有人恶作剧装鬼吓人，被吓者有可能被吓得精神失常。这种事情虽然发生的概率极小，但它也警示我们，做任何事情一定要小心谨慎，开玩笑一定要注意方式，要慎重、适度，切忌玩笑开过火而酿成祸端。

电影《空中监狱》里有句台词，"你不是坏人，你只是因为运气很差。"人性是很复杂的，我们不能简单地把人分为好人或者坏人。好人也会犯罪，因为犯罪行为形形色色，非常复杂。我国《刑法》将犯罪行为分为故意犯罪和过失犯罪两种形式，我们一般比较熟悉的是故意犯罪。绝大部分情况下，过失犯罪行为人主观上过错比较小。即使有的人故意犯罪，以前也可能是一个非常善良本分的人。比如一个勤劳善良的妻子因长期受到丈夫的虐待，忍无可忍杀死丈夫。我们能简单地说她是个坏人吗？

对违法犯罪的人可以随意惩罚吗?

违法或者犯罪之人应由国家依法对其进行处罚。但某些情况下,由于受害者的原因,导致犯罪分子权利受到侵害时,受害者反而还要承担相应责任。2007 年 5 月 25 日中午,在浙江省湖州市南浔区安达码头附近,年仅 17 岁的农民工周某因偷自行车而被失主颜某等人抓获。为了给小偷吃一点苦头,颜某等三人用扳手和石块殴打周某。被打得头破血流的周某突然挣脱,逃上了停靠在码头的大货船,颜某等三人跳上船对周某进行围追堵截。周某眼看将无处可逃,便跳入河中,并向河对岸游去。游到河中央的周某自觉体力不支,准备游回岸边,但刚回游了一两米便渐渐开始下沉,最终沉入河中。颜某等人在看到周某下沉时,也没有实施救助,一直等到周某沉入河中后,各自离去。随后,三人被警方抓获。

人民法院在审理中认为,颜某等三人负有救助义务却不作为,构成犯罪。但考虑到三人认罪态度较好,人民法院以故意杀人罪一审分别判处三名"见死不救者"有期徒刑三年九个月、三年三个月和有期徒刑三年缓期四年执行。这个案件告诉我们:一方面,要树立依法办事的法治观念,另一方面还要有与人为善、尊重人权的价值理念。周某是小偷,是传统意义的"坏人",但"坏人"也享有健康权、生命权等合法权利,应平等地受法律保护,他人不得非法侵害。私设公堂或者随意殴打"坏人"是违法的。当周某的生命权利受到威胁时,围观者在道义上应当去救助他,三名被告人有法律义务采取救助措施。尊重和保护每一个人包括"坏人"的合法权利，尤其是生命健康权利，是现代法治社会对基本人权的尊重和保护，也是公民善良和博爱品质的体现。

另外，从权益大小的对比角度来讲，周某偷自行车，侵害的是他人的财产权，而自己被颜某等三人侵害的则是生命权，与财产权相比，生命权、健康权更重要。

5. 开会是一门学问

你开过会吗？你有多长时间没开过会了？说起开会，绝大部分人都非常熟悉。从小到大，没有开过会的人恐怕不多。上学的时候，我们开过班会。如果你是学生干部，还有班委会、学生会的会、社团的会，等等。上班以后会议就更多了，比如有的公司每天要开晨会，每周要开周例会，年初的时候要召开工作部署会，年终有工作总结会，平时还有学习会、培训会、讨论会、座谈会以及临时性的会议。电视剧《安家》中的某房产中介公司，每天在公司门口要开碰头会，由店长主持，研究问题，分析与周边中介公司业务上的差距，会议结束前还要高呼几句口号鼓舞士气。

由于从事的行业不同，所在的单位性质差异，不同的人开会的数量差距很大，大家对开会的认识和感受也不同。有的单位一年开不了几次会，有的单位会特别多，有的人一提起开会就烦躁，抱怨单位整天开会。

许多重大决定都是会议研究作出的

许多重大决定都是会议研究作出的，尤其是关键时刻的会议经常发挥举足轻重甚至力挽狂澜的作用。比如，长征路上召开的遵义会议，结束了"左"倾冒险主义在党中央的统治，确立了毛泽东在党中央和红军中的领导地位，使党和红军在极其危急的情况下得以保存下来，胜利地完成了二万五千里长征。遵义会议在关键时刻挽救了党，挽救了红军，挽救了中国革命，是中国共产党和中国工农红军历史上一个伟大的转折点。

会议的历史很悠久，我国封建社会皇帝的早朝，实际上就是一种工作例会。皇帝主持商议有关事项，大臣向皇帝汇报工作，皇帝提出问题或者作出答复，同时安排部署下一步的工作。会议这种形式之所以能够延续到现在，说明有它不可替代的作用。值得思考的问题是，我们是不是能有效地利用开会这种形式，发挥会议的作用？召开会议之前有没有做精心的准备？如果你所在的组织从来没有开过会，是不是一件好事情？

人们并不是对开会有意见

其实有的人抱怨开会，并不是对开会这种形式有意见，也并不是一味地反对开会，而是对没有利用好会议这种形式有效促进工作有意见。许多人反感的主要是会议次数太多、时间太长、内容空洞。有的会议重形式而轻实际效果，有的甚至为了开会而开会，概括地说就是会风不好。

会议数量太多是会风方面存在的主要问题。有的单位一年到头会议不断，有的甚至天天要开会，大部分时间用在开会上，正常工作都无法开展，会议安排更没有时间落实，让许多与会者苦不堪言。

会风方面存在的另一个问题是没有合理控制会议时间，参会者不知道会要开多久，主持会议的人也没有考虑过会议能持续多久，本来半个小时就能把问题说清楚，非要花费两三个小时；本来开到十点半，非要等到吃午饭。当然，并不是说会议时间越短就越好，这要看会议的主题和内容，有的会可能就要开得长一些，比如方案讨论会、征求意见会、座谈会等，需要有足够的时间让大家畅所欲言。

会风方面存在的第三个严重问题也是容易被人忽视的问题，是一些单位和部门很少开会，甚至常年不开会。有的人不知道怎么开会，搞不清楚哪些事情要开会，哪些事情不需要开会，这种现象更应引起警惕。在某些单位，该开的会不开，许多关系老百姓切身利益的事情老百姓却不知情，一些鸡毛蒜皮的小事情却大张旗鼓，大会小会地讲。有的单位出于各方面考虑，本来应该开大会的却开小会，甚至不开会。因此，不是开会少了就是好事。会议是安排工作、了解情况、事务公开、让群众知情及加强对各项工作监督的有效途径。许多工作离不开会议，安排部署工作、推进事业发展、加强民主建设、更好地维护老百姓的利益都需要会议来安排落实。

毫无疑问，会风方面存在的以上问题同参会人员的素质有一定的关系。但是，会风差的主要责任不只在参会人员，而更在组织和主持会议的人。会议的组织者应该具有驾驭会议的能力，必须认真把握某件事情要不要开会，需要开大会还是开小会，什么时候开会，怎样把会开好，都需要做充分的思考和准备。

开会的作用不可替代

著名餐饮企业海底捞之所以发展很快，与其正确地利用开会这种形式有很大的关系。海底捞召开讨论会的原则是：自由畅谈、延迟评判、禁止批评、追求数量。海底捞从来不开无准备的会议，每一次开会前，都要做三项准备：第一，提前发布议题，让与会人员开会前思考议题、准备方案。这样既让参会员工做到有的放矢，又节省了会议时间。第二，明确发言顺序。在海底捞内部会议上，员工发言顺序一种是"自下而上"，按照职位从低到高依次发言，另一种是按照入职时间，新员工先发言，老员工后发言。第三，限定发言时间。比如，周例会限定普通员工每人发言3分钟，店长每人发言10分钟。限定发言时间，可有效控制整场会议的时间，防止拖延。海底捞管理者通过营造良好的会议氛围，引导员工在做决策时发挥了积极作用。

开会对一个公司日常经营发展及员工成长有以下几个方面的积极作用。第一，通过开会可以广泛听取员工的意见和建议，有利于公司及时了解顾客对产品和服务的反应，掌握公司做得好的方面，发现公司经营存在的问题和不足，从而及时改进，赢得更多的顾客。第二，取长补短，学习先进，通过开会可以树立榜样和标杆，参加会议的员工可以了解到其他员工的工作情况，尤其是做得好的方面，通过相互比较，发现自己的不足。第三，宣传公司理念，明确工作方向，开会可以给员工灌输公司的经营理念、企业文化、管理思想，让员工明确自己的努力方向及工作重点，反复强化员工的行为观念，培养良好的工作习惯，不断提升员工的整体素质及工作效率。第四，提供展示舞台，锻炼员工能力，开一次会可以使许多人得到锻炼，有的要组织会务，有的要安排工作，有的要在会上发言，都需要提前做好准备。这些工作有助于锻炼员工的组织能力、表达能力和管理能力等。开会能够给员工提供一个舞台，通过在舞台上的展示，有助于员工树立自信心。

不妨开个家庭会议

绝大部分人无须组织或者主持一个会议，许多情况下仅仅是参加会议。在单位参加工作会议，在学校参加家长会。如果自己从来没有组织过会议，不妨考虑召集孩子开一个家庭会议。美国杰出的心理学家、教育家简·尼尔森的《正面管教》一书里就提出教育孩子的一个非常好的形式——家庭会议。简·尼尔森认为，不管是教会孩子倾听、思考，培养解决问题的能力，还是邀请孩子参与到一些家庭活动的安排，创造愉快的亲子时光，给予孩子归属感和价值感，家庭会议都有很大的帮助。

家庭会议为什么会有这么大的作用呢？首先，在家庭会议上各位成员提出问题，孩子们一起参与到解决问题的讨论当中，并且提出解决方案，可以使孩子自己更愿意执行。其次，在执行过程中，爸爸、妈妈置身事外，让孩子们自己承担事情的后果，会议确定的规则适用于家庭中的每一个人，当然也包括爸爸、妈妈。

尤其是有两个以上孩子的家庭，家庭会议的作用会更好。书中列举了一个以家务分配为议题的一次家庭会议的例子：当简·尼尔森要求孩子做家务的时候，孩子总是抱怨说："怎么每件事情都是我在做。"在家庭会议上，先让孩子们说出自己的感受，并且参与讨论和选择。她列出了爸爸、妈妈要做的家务，然后让孩子列出自己能够做的家务。列出之后，孩子能直观看到自己的清单远远没有爸爸、妈妈的长。这样一来，孩子就认识到自己对家里的贡献太少。于是，大家就一起讨论，重新分配了家务，使孩子做家务的积极性有了更大的提高。

不是每一个职业都需要开会，比如一些自由职业者。但是只要有3个及以上员工的组织，都可以开会。很难想象，一个从来不开会或者很少开会的公司能有大的发展。会议对组织的发展、个人的成长都会产生很大的作用。因为人是社会的动物，需要与各种各样的人交流，而会议就是集中交流的一个非常好的形式。许多人都参加过会议，但也有人从没有组织或者主持过会议，那么就从现在开始，通过你的努力去组织或主持一次会议吧。有一天，当你能够策划组织开会，也能够主持好一场会议的时候，说明你的认知水平提高了，你的公司成长了，你的事业也迈上了一个新的台阶。

6. 让勤快的好人富起来

肉夹馍是我们陕西的一道名小吃。在我老家的镇上，有一个卖肉夹馍的摊位，经营了20多年，摊位的主人是一对中年夫妇，他们每天早上7点出摊，下午2点收摊，几十年如一日，只卖肉夹馍一个品种。他们一直坚持选上好的猪肉，做出来的肉夹馍味道鲜美，来吃的绝大部分都是回头客。附近其他卖食品的摊位许多都几易其主，而他们的摊位一直生意兴隆。两个人靠卖肉夹馍的收入供养自己的孩子读完大学，在城市给孩子买了房。身边有许多这样的人，他们起早贪黑，勤勤恳恳，诚实劳动，合法经营，不坑蒙拐骗，不短斤少两，既服务了社会和他人，又获得了不错的收入。

企业家要有一颗善良的心

一个好的社会应该让好人富起来，只有好的产品和服务才有出路，才能长久。威廉·劳伦斯是美国马萨诸塞州的一个主教，他在1982年曾经说过这样一段话："长远来看，只有那些德性高尚的人才能变得富有，同赞美诗的作者一样，我们偶尔也会看到为富不仁的财主，但那只是偶尔而已。"在网络经济时代，信息趋于对称，竞争越来越充分，大部分生意的门槛都变得越来越低。这就要求生产者和经营者放弃各种侥幸心理和投机心态，充分考虑消费者的需求，踏实工作、热心服务、诚信经营，把精力放在提升产品和服务质量上。

新东方的创始人俞敏洪认为，要成就一番事业，内心必须有两样东西：第一是理想，第二是良心。什么叫良心呢？就是要多做好事，要做对得起自己也对得起别人的事情，要有和别人分享的风格，要有愿意为他人服务的精神。人是否有良心，从生活中的所作所为就可以看出，而且你所做的事情也会对你未来的事业、家庭甚至生命产生影响。

俞敏洪在北大上学的时候，每天打扫宿舍卫生，为同学打水，坚持了四年。他并不觉得为同学打扫卫生、打水是一件多么吃亏的事情，他把每天拎着水壶去给同学打水当作一种体育锻炼。有的同学认为他这些事情都白做了。过了十年，新东方做到了一定规模，希望找合作者，他就跑到美国和加拿大去寻找他的那些同学，为了"诱惑"他们回来跟他一起创业，他去时带了许多美元，俞敏洪在美国非常大方地花钱，想让在国外的同学知道在中国也能赚钱。后来他们回国了，却给了俞敏洪一个十分意外的理由。他们说："俞敏洪，我们回去是冲着你过去为我们打了四年水。我们知道，有这样一种精神，你有饭吃肯定不会给我们粥喝。让我们一起回中国，共同干新东方吧。"所以才有了新东方后来的辉煌。

如果说市场经济发展初期，有的人可以靠投机钻营赚钱，那么到了如今市场经济发展较为成熟、社会全面进步的时期，我们就要靠努力和诚信、靠下笨功夫才能求得生存和发展。一个好的社会应该是一个只有勤奋的好人才能赚到钱的社会。就像有人说的，人的发展离不开一个基本规律，那就是：短期拼机遇，中期拼能力，长期拼人品。出身决定了你的起点有多高，能力决定了你的发展有多快，人品却决定了你最终能够走多远。

福特公司成立不久，就在汽车行业独占鳌头。公司里有人觉得反正也没人跟它竞争了，完全可以提高价格，大赚特赚。但是福特却没有这么做，他认为企业要想持续发展，必须通过辛勤工作给顾客提供高质量的产品。利润和金钱应该是对辛勤工作的回报。相反，如果商人把赚钱当作唯一目的，就难免会压榨顾客。当时美国有些汽车公司在造车的时候，会故意用一些劣质的零部件，顾客买车之后，没过多久就要再回去修车，自己掏钱换零件。福特觉得这种自私自利的行为违反了商业诚信的基本精神。企业的宗旨应该是不断改进产品性能，提高工作效率，降低生产成本，提供质优价廉的产品和服务，用最低的价格把最好的车卖给广大消费者。正是有这样的经营理念，福特公司创立一百多年，依然长盛不衰。

为消费者提供优质的产品或服务

只有产品或服务符合消费者的心意，满足他们的需求，才会有更多的人选择。在市场经济发展初期，由于法制不健全、公民整体素质不高、消费者维权意识不强、维权渠道不畅等原因，一些人怀揣"捞一把就走"的想法，追求短期利益，渴望一夜暴富。粗放的发展模式和生产经营方式导致不讲诚信的现象比较普遍。这使得一些人为追求利益丧失底线，而那些坚持诚信经营的人反而被排斥，货真价实的产品却很难有市场，形成"劣币驱逐良币"的现象。

许多国家都曾经出现过不讲诚信、产品低劣、坑蒙拐骗的现象。中国一些地方和企业在这方面也曾走过弯路。改革开放初期，南方某城市一些厂家生产的皮鞋，穿不了几天就坏了，这个地方的产品曾经一度就是假冒伪劣的代名词。后来当地人痛下决心，提高产品质量，注重品牌效益，当地的产品才逐步赢得了市场。随着社会的发展，人民物质生活水平和消费者的认知能力不断提高，对产品和服务的要求越来越高。商家只有坚持诚信经营，不断提高产品质量，改进服务，才能持续赢得消费者。

让员工感到快乐而满意

要想让员工善待消费者，企业首先要善待员工。员工心情愉快，才能热心服务。海底捞就是这方面的典范。比如，海底捞规定，管理人员与员工都住在统一的员工宿舍，并且必须给所有员工租住正式小区或公寓中的两居室或三居室住房；所有房间配备空调、电视、计算机；宿舍要有专门人员管理、保洁；员工的工作服、被罩等也统一清洗。若是有员工生病，宿舍管理员会陪同看病，照顾饮食起居。

同时，考虑到绝大部分员工的家庭生活状况不是很好，公司规定：在海底捞工作满一年的员工，若一年累计三次或连续三次被评为"先进个人"，该员工的父母就可探亲一次，往返车票可由公司全部报销，其子女还有3天的陪同假，父母还可在店内免费就餐一次；工作满一年以上的员工可以享受婚假及相关待遇；工作满3个月以上的员工父母去世，该员工可以享受丧假及补助。海底捞董事长张勇说："人心都是肉长的，你对人家好，人家也就对你好，只要想办法让员工把公司当成家，员工就会把心放在顾客上。"

记得十多年前，有一次跟几个同学去海底捞吃饭，当时有一个同学说他最近身体不舒服，不能喝酒，旁边一个服务员无意中听到了，过了一会儿，她就给这个同学端来了一碗红豆稀饭，让我们倍受感动。可见海底捞员工对顾客的关心已经内化为自觉行动。我的一个同事也曾经讲过他在海底捞就餐的经历，有一次他女儿过生日，他们一家去海底捞吃饭，当服务员听到他女儿当天过生日后，就拿了一块手表送给他女儿（不是玩具手表），同时现场播放"祝你生日快乐"歌曲。海底捞一个普通的服务员，就可以做主给顾客送礼物，这说明在海底捞，员工得到了充分的尊重和信任。毫无疑问，这样可以极大地调动员工的积极性，他们也会加倍地为公司付出，热心服务顾客。

用心的好人有好报

2020年新冠肺炎疫情爆发期间，武汉快递小哥汪勇的故事感动了许多人，一场疫情也改变了汪勇的生活轨迹。从小生长在武汉的汪勇每天忙于送快递、打包、发快递、搬货。当得知医护人员下夜班后要走几个小时回家时，不忍心的他主动开车送他们回家。当医护人员吃不上热饭时，他千方百计寻找爱心资源，免费送上热腾腾的白米饭。他的志愿者团队给医务人员提供着无微不至的帮助，比如修眼镜、买拖鞋、订制生日蛋糕、购买秋衣秋裤等。因为医院里空调不能开，医护人员最缺的是用来保暖的无袖羽绒服，志愿者就在广州订了1000件羽绒服……这些事情虽小，但在武汉封城期间，要想做到其实万分不易。

汪勇也是一个善于"组局"的人，出行、用餐，每组一个局，他就交付给一个人管理，再腾出手来做其他事情。他成了为武汉金银潭医院战疫一线医护人员提供后勤保障的"带头大哥"。他还关注到医护人员长期高负荷工作的心理健康问题，对接了心理咨询平台，募集图书，购买了一些零食、生活用品等，千方百计提高医护人员的生活质量。

汪勇挺身而出的奉献精神让无数网友感动。国家邮政局授予他"最美快递员"称号，汪勇所在的顺丰公司也对他破格连升三级，成为分公司经理。汪勇的身上有这样几个特点：为人善良、有爱心、有勇气、有组织管理能力、善于替他人着想。用一句话概括——他是一个能干的好人。我想，同时具备这些素质的老板应该也会是一个事业成功的老板。

一个人的发展初期，除了个人的努力和能力外，机遇或者家庭的帮助也许会起一定的作用，但是要想长期立于不败之地，必须有过硬的人品，否则很容易被淘汰。一个企业在发展过程中既要讲经济效益，也要讲社会效益。老板要谋划怎么挣钱，怎样降低成本、提高效益，但也不能光想着赚钱，眼里只有钱。就像一个男孩子立志要找一个优秀的女孩做自己的终身伴侣，不能整天只想着怎么样想方设法追到这样的女孩子，而应该想一想怎么样努力把自己变得更好，使自己身材匀称，气质沉稳，事业成功，举手投足优雅得体，以此赢得女孩子对自己的欣赏和认可，也就是要让自己配得上优秀的女孩。

　　这个世界看似不公平，确实有人投机钻营、坑蒙拐骗，一时得势，一飞冲天，也有个别人才华横溢，虽辛勤付出却屡屡受挫。但是必须承认，现代社会给我们提供了许多比以往更加公平的机会，如果能够站得高一点，看得远一点，走得稳一点，多为消费者着想，不好高骛远，不心存侥幸，认认真真做事，踏踏实实做人，就一定会有丰厚的回报。正如何帆老师在《变量2》一书中所讲的，"很多企业一开始就不学好，想着干一票就走；很多企业只想抄袭别人现成的东西，根本就没有创新的冲动；很多企业没有用心去体察消费者的真实需求。这些企业看起来数量众多，但都是杂牌军，只要你肯'扎硬寨，打呆仗'，就会发现他们中的大部分都不堪一击。你只要做事情讲本分、讲诚信，多数企业你不用跟他们竞争，他们自己慢慢就死了，这些企业中的多数都是被自己作死的。"

7. 小餐馆也能做成大生意

我的一位同学在西安高新区开了一家火锅店，2019 年 11 月的一天，我们在那吃饭时，他对我说："你常在外面讲课，能不能给我们的员工讲一次课。"我说考虑一下。因为自己从来没有从事餐饮行业的经历，一开始也不知道怎么讲。但后来我一想，虽然没做过餐馆，但是经常在外面吃饭，各个行业虽然有差异，但是大道相通，于是我就回复他，一个月后讲。后来由于突发新冠肺炎疫情，一直拖到 2020 年 4 月。我做了 PPT，大概讲了一个半小时，内容包括三个部分：什么样的餐馆是一个好餐馆？如何做一个好老板？怎样做一个好员工？

之所以答应去讲，还有一个原因，我年轻的时候有一个梦想，以后有机会开一家饭馆，当然这个梦想一直没有实现。为什么有这个想法呢？一是因为每个人都要吃饭，餐馆做好了，生意应该会不差。二是因为在外面吃饭久了，发现一些餐馆总有让顾客不满意的地方。有的餐馆味道很好，但环境卫生很差。有的味道不错，环境卫生挺好，但员工服务态度比较差。

十几年前到外地出差时，常常不知道哪个餐馆的口味好。一个朋友教了我一个办法，说怎么知道哪一家小饭馆好呢？只要看环境卫生一般、人又比较多的，一般饭菜味道都比较好。

这位朋友将此称为"脏香脏香的"。还有的饭馆，环境卫生好，服务态度也不错，但是口味不好。比如在西安卖肉夹馍的，有的饼不是现烤出来，就影响口味。随着社会的发展，人民生活水平也不断提高，消费者对餐饮的要求也越来越高，餐饮行业的总体水平也在不断提高，上述的问题现在都有了很大的改观。

近年来，许多餐馆经营困难，我住的小区门口经常有饭馆开了一段时间由于生意不好就关门了。餐饮行业不好经营主要有两个原因：一是高昂的劳动成本及近年来不断上涨的房租价格；二是同类餐馆之间竞争激烈，由于经营小餐馆门槛不高，所以竞争对手越来越多。随着房地产开发，城市持续扩张，新盖的房子越来越多。有小区就会有马路，有马路的地方就有门面房，有门面房的地方就会有餐馆。另外，小餐馆不比大饭店，无法支付高额的广告费，宣传完全依靠口碑，顾客觉得你做得好才会帮你宣传。

所以，要想经营好小餐馆，需要付出巨大的努力。当然，一些小餐馆门可罗雀也有自身经营方面存在的问题。虽然常有餐馆倒闭，但是众所周知，在任何地方都有一些餐馆，生意一直非常红火。这就说明，餐馆虽然很多，但是适合老百姓口味的优质餐馆不多。许多餐馆的口味、服务不能满足老百姓不断提高的要求。

餐馆生意不好做，因为众口难调。餐馆可以做好，因为大道相通。马云曾说，只要有抱怨、有投诉、有不合理的地方就有创业的机会。一个餐馆生意要好，有许多复杂的因素，但有一些共性的东西值得借鉴，有人把它称为"三好"加"一好"，

"三好"是口味好、环境好、服务好，"一好"是位置好。当然，一个餐馆要赢得顾客的喜爱，关键还是要做到"三好"，所谓酒香不怕巷子深。因为同样的位置，有的餐馆生意做得很好，有的却经营惨淡。

开餐馆不能想当然

任何行业都没有想象得那么简单，如果没有亲自涉足，就不能想当然，开餐馆也一样。对自己不熟悉的领域或者行业一定要有敬畏之心。如果打算涉足，一定要做好充分的调研和准备。许多人都觉得一般的小饭馆门槛比较低，投入也少，但实际上要做好，却并非易事。

曾经遇到三位大学毕业生，他们合伙在我住的小区门口开了一家面馆，叫"××板面"。当时我觉得很纳闷，不知道板面是什么。刚开业时我去吃过一次，跟他们几个聊过后才知道板面是源自安徽省阜阳市太和县的一种特色小吃，原称太和板面，后来也被称为安徽板面、太和羊肉板面，因在案板上摔打而得名，在安徽、山东等地很受欢迎。它最主要的特点就是汤料比较好。其汤料一般以牛羊肉为原料，配以辣椒、茴香、胡椒、花椒、八角、桂皮等 20 多种佐料炒制而成。

我问他们为什么要做板面，他们说有同学在东北开了一个板面馆，生意非常好，而西安没有卖板面的，所以他们在西安开了这个面馆。我当时就说，西安的面食品种很多，在全国很有名，一般外地的面食品种在西安生意很难做。除了兰州牛肉面、山西刀削面等个别外地面食品种外，西安卖的面主要是体现地方特色口味，比如岐山臊子面、油泼扯面等。甘肃省紧邻陕西，兰州牛肉面在全国影响很大，而刀削面之所以在西安有一定的市场，是因为秦晋地域相接，且饮食文化有一定的相似之处。而板面在全国没有多大的影响，在西安的安徽人不算多，很少有人知道板面，所以恐怕很难赢得广大食客的认可。另外面馆的名称取得也不好，从店面的招牌看，别人不知道是什么面，还不如直接叫某某面馆，除了卖板面也可以卖当地一些其他的面食。果然，这个面馆开业几个月就关闭了。

替他人着想

在城市里大家可能都有这样的经历，当你在街上要上厕所的时候，你会首先选择到哪里？大多数人的回答是——肯德基，因为你去肯德基会毫无顾忌、理直气壮，不用担心员工会问你是不是来就餐。而有一些餐馆，你不在他那里就餐，要上个洗手间，老板就不让进，或者即使让你进去但很不情愿。然而很多老板忘了一个基本的常识：今天这个人在你这里上厕所，明天就可能会在你这儿就餐。所以，做任何事情一定要有长远的眼光，不能斤斤计较、目光短浅。

餐馆一定要替顾客着想，老板要替员工着想。一个好的餐馆应该能让顾客感觉舒服、让员工得到成长。怎么做到这一点呢？除了口味好以外，还要努力做到让顾客就餐时心情愉悦、员工上班时感觉有尊严。老板要尊重员工，员工要尊重顾客。

一个员工只有感受到了尊重和关怀，他才会用心去做好自己的事情，善待每一位顾客。

关注细节

有一些小餐馆在有些方面做得不够规范，尤其是一些细节往往不太注意。2018年国庆假期的第一天，我出门时发现小区门口的好几家饭馆关门休业，门上都贴有一个告示。我随便看了三家，第一家是卖包子的，门上写着"喜迎国庆，本店特休一天"，没有写休假几天。第二家是卖秦镇米皮的，门上写着"家中有事，停业三天"，可是不知道这三天是10月1号到3号还是5号到7号。第三家餐馆是卖面的，门上贴着两个字"休整"，不知道要休整多长时间。

做任何事情都要关注细节，多从他人的角度考虑问题，认真做好每一件事情。正如卡耐基所讲，如果成功有什么秘诀的话，那就是站在对方的立场看问题，如同从你自己的立场看问题一样，能够设身处地地为别人着想，洞察别人心理的人，永远不必担心自己的前途。

学会说话

在服务性行业中，服务态度很重要，而服务态度更多地体现在说话上，尤其是餐饮行业的员工，一定要会说话。说话时要考虑顾客的感受，底线是不能侵犯顾客的尊严，让顾客感觉到舒服。对服务性行业来说，这一点尤为重要。美国作家霍夫曼的小说《欲望山庄》里有这样一句话："柔软的舌头，可以挑断人的筋骨，语言有时候比暴力更能伤人。"很多时候，那些看似不经意的话语，却常常像刀子一样扎着别人的心，最后产生不可挽回的结果。很多顾客去餐馆就餐，去一次后就不再去了，有时候就是因为服务员说话伤着了自己。

做最好的餐馆

要做好一个餐馆，一定要搞明白顾客需要什么，然后尽力去满足他们的需要。做餐馆和做人一样，一定要清楚自己有哪些长处，哪些方面比别人强。餐馆的老板和员工要清楚自己的餐馆与其他同类餐馆比较，有哪些做得好的地方。比如开火锅店的，你要了解所在的区域哪些火锅店生意好，为什么好，整个城市的情况不一定能全面掌握，但至少要清楚周围 3 公里范围内哪几家火锅店生意好，为什么好。老板和员工最好能出去多看一看，学习和借鉴别人好的经验做法。

第三章

积极思维——视角改变心态

很多成就都取决于对自己能力的信任，而那些最伟大的成就，有可能依靠的就是盲目的乐观态度。即使最终你所相信的并没有变成你成就中的真正细节，但是相信自己本身就是生活中一种非常积极的力量。

——（美）列纳德·蒙洛迪诺《潜意识》

1. 贫穷限制了我们的想象吗?

万达集团董事长王健林曾经在接受采访时说:"很多年轻人,有自己的目标,比如想做个首富,是对的奋斗方向。但是最好先定一个小目标,比方说我先挣它一个亿。"这句话一出,网友们纷纷炸开了锅,这是小目标吗? 这是我们一辈子都不能企及的高度啊。因此,许多人慨叹,贫穷限制了我们的想象。

同样一件事,在不同的人眼里是不一样的。一亿元确实是个很大的数目,许多人难以想象,也无法达到,但是在李嘉诚、马云、王健林等人眼里,对一亿元的感觉与普通人则完全不一样。德国哲学家费尔巴哈曾说:"皇宫中的人所想的,与茅屋中的人所想的不同,茅屋的低矮的天棚好像在压迫着我们的脑。我们在户外和在室内判若两人;狭窄的地方压迫着心和头,宽阔的地方舒展它们。哪里没有表现才能机会的地方,哪里便没有才能;哪里没有活动的广阔空间,哪里便没有对活动的渴望,至少没有真正对活动的渴望。空间是生命和精神的基本条件。"福布斯 2020 年度中国富豪榜,排名前两位的是马云、马化腾。马云的财富 2701.1 亿元,蝉联榜首;马化腾排名第 2 位,身家为 2545.5 亿元。王健林排名第 14 位,财富 883.9 亿元。从这些人的财富值来看,多一个亿、少一个亿,他们应该不会有明显的感觉。

富有也限制人们的想象

"贫穷限制了我们的想象力"这句话常被普通人用来自嘲有钱人的世界、有钱人的生活难以想象。我们往往都以自己的处境、经验、认知在看他人、看社会、看世界，殊不知，我们每一个人看到的世界也就是自己的见识和格局所涵盖的世界，范围很小，不一定全面，更不一定准确，有时甚至很荒唐。晋惠帝执政时期，有一年发生饥荒，百姓没有粮食吃，只有挖草根、食观音土，许多百姓活活饿死。消息传到了皇宫中，晋惠帝坐在高高的宝座上听完了大臣的奏报后，甚为不解。他说："百姓无粟米充饥，何不食肉糜？"记得20世纪90年代初，资讯尚不发达，人们外出机会也比较少。有一次我去上海出差，一个上海人问我，西安有没有电灯？是不是每天只能吃面条，买不到米饭？人们是不是住着窑洞，到处尘土飞扬，男人们都戴着一个白头巾？

中国古代有个寓言故事，讲的是一位富翁冬天在有暖炉的屋子里穿着厚重的裘皮大衣，围在炉子旁喝酒，酒喝到一半出汗了，然后解去衣帽，大声说："今年冬天这么暖和，这太不正常了！"门外仆人打着寒颤说："主人在屋内说这不正常，我等在门外衣单腹饿，寒风入骨，这天气很正常啊！"这则故事里的富翁自己住在温暖的房间里，穿着裘皮大衣，吃肉喝酒，却不知道门外仆人在忍冻挨饿。就像我们许多家境优越、衣食无忧的孩子难以想象世界上还有许多贫困地区的孩子吃不饱饭、穿不上衣服、上不起学一样。

每一个人的认知都有局限性

巴菲特非常清楚自身的局限性，坦然承认："你不需要成为每个领域的专家，明确自己的局限，充分发挥自己的优势与长处这才是十分重要的。"这一点很多人就做不到，在投资领域夸夸其谈的人多如牛毛，承认自己不懂的凤毛麟角。巴菲特的合伙人查理·芒格对自己的不足一直有冷静的认识："承认自己不懂某样东西意味着智慧的曙光即将来临。"

一个人的局限主要源于个性、生活环境、教育、阅历、思维方式等。

局限性是相对的，事物也在不断发生变化。如果能够保持谦逊的态度，经常能认识到自己的局限性，对一些问题的看法或许会更准确。正如经济学者何帆老师所讲的，"我们发现了一个有趣的现象：底层的人比高层的人看得更准，钱少的人比钱多的人看得更准，读书少的人比读书多的人看得更准。为什么会这样呢？或许，就是因为底层的人、钱少的人、读书少的人更知道自己的局限性，他们就像盲人一样更为谦卑，而高层的人、钱多的人、读书多的人更容易有一种与生俱来的傲慢和偏见，更容易被蒙蔽双眼。"所以任何人都不要过高估计自己的优越性，也不宜过分夸大自己的局限性，应适度关注其他人的态度和认识。

不要低估环境对人的影响

每一个人生活和成长的环境是不同的，而客观因素的差距会导致个体的差异，这一点主要包括三个方面：第一，不同地区经济、文化发展水平产生的差异，比如北京、上海、广州、深圳等地区是我们国家整体发展水平比较高的地区。第二，你所在的组织与其他同类组织的差距而导致的个人的差异，比如北京大学、清华大学就是我国综合办学水平最高的两所大学，其学术水平和育人环境是其他高校难以企及的。第三，每一个人成长的家庭环境对个人产生的影响。古人有句俗语，"宁要大家的丫鬟，不要小家的小姐"，说的就是这个道理。为什么"大家"的丫鬟比"小家"的小姐更受欢迎呢？因为在大家庭里经历的事情多，接触面比较广，认识的人也多，同时认识人的层次大都比较高。所以一般来说，从大家庭走出来的人，往往整体素质、见识和格局都比较高。

《庄子·秋水》中有一段话，"井蛙不可以语于海者，拘于虚也；夏虫不可以语于冰者，笃于时也；曲士不可以语于道者，束于教也。"意思是井底的青蛙，不可能和它们谈论大海，是因为受到生活空间的限制；夏天的虫子，不可能跟它们谈论冰冻，是因为受到生活时间的限制；乡曲之士，不可能跟他们谈论大道，是因为受到教养的束缚。

人们到了一个新的地方，时间长了都会被周围的环境同化。完全不受环境的影响，保持定力，保持个性的人很少。而且，人们自然地会与自己周围的人比较。要克服局限，必须志存高远，眼睛盯着更高的目标，多看看外面的世界。如果身处落后地区，遇到一些事情不知道怎么做，可以看看发达地区的经验做法。一方面，我们要承认自己所处环境与他人的差距及对自己产生的影响，否则我们所说的大学排行榜，以及其他行业和领域的各种排名，比如世界五百强榜单等就没有任何意义了。另一方面我们也要承认矛盾的特殊性，相信个体或者组织的某一方面有可能超过比我们优秀的地区或组织。同时，要以优秀者为目标或者参照，通过不懈的努力使自己更优秀。

优势和劣势是相对的

许多事实证明，父母家财万贯，孩子不一定都出人头地；出身贫寒，许多人却能成就大业。这是因为艰苦的环境有助于培养一个人的坚强意志和吃苦耐劳的精神，而优越的生活则可能使人产生依赖心理，缺乏奋斗精神。互联网和智能手机的普及有利于克服因客观环境导致的局限，缩小人与人之间的差距，减少社会的不公平，这主要体现在网络给人们带来生活的便利以及物质财富和精神财富的获取上。比如身处不同地区，人们却可以通过网购获得相同的商品，不用担心地处偏远农村就上当受骗。

社会的发展和互联网的普及为偏远落后地区获取物质财富与精神产品提供了与大城市相同的渠道，互联网可以有效缩小不同地区人们获取知识的差距。不管是在偏僻的小山村还是热闹的大都市，通过互联网人们可以获取同样的精神财富。不管是远在西北边陲还是地处东南沿海，都可以听到中国乃至世界一流大学教授的网课，几乎在相同时间买到刚刚出版的新书。但互联网也是双刃剑，如果利用不好，不仅不会缩小人们知识和文化上的差距，而且还可能扩大差距。就像网络上有句话所说的，"愚蠢的人沉浸在垃圾信息中，越来越愚蠢固执；聪明的人多渠道吸收各种信息，越来越聪明理智。"

接受自己的不完美

俗话说"金无足赤，人无完人。"之所以说没有完美的人，是因为每一个人都有不足或者缺点，同时也有自己的局限。有的人不认为自身有局限性，觉得自己知识渊博、阅历丰富、见多识广，这样容易犯自以为是的错误。每一个人都应该清楚自己的局限和不足，任何人都会犯错，不存在没有缺点的人。但联系到具体事情时，有的人往往认为这个基本常识只适用于其他人，对自己不适用。某件事没有干好，出了什么问题，人们常常将失败的原因归咎于他人，却不反思自己哪些地方做得不好。还有人明知道自己错了，为了一己私利或者为了顾及面子，一意孤行，拒不悔改。其实不认错就是在犯错。

许多人并没有自己认为的那样聪明能干。如果有人说确实不知道自己有什么缺点，那你的优点可能就是你的缺点。一个人的优点，如果表现过度就会成为缺点甚至灾难。值得骄傲、看似优势的地方也可能使自己产生认知上的局限甚至刚愎自用。《庄子》中有这样一段话："目之于明也殆，耳之于聪也殆，心之于殉也殆。凡能其于府也殆，殆之成也不给改。"这句话的意思是，眼睛过于明察就会产生危险，耳朵过于灵敏就会产生危险，心神过于追逐外物就会产生危险。凡事思虑过度就会产生危险，危险形成后就来不及悔改。

优秀的人更应保持清醒

当一个人在某方面特别突出的时候，容易产生一种幻觉，认为自己什么都懂，不论哪个方面都能干，其他人也会对他产生同样的错觉，这被称为光环效应。光环效应是指一个人某方面的品质比较突出或者某一方面表现优秀，给人以非常好的印象，在这种印象的影响下，人们对这个人其他方面的品质也会给予较好的评价。"爱屋及乌""一白遮百丑"都是光环效应在社会生活中的具体体现。

这方面最典型的就是美貌的女子。许多人很自然地认为漂亮的人更可爱、更诚实、更聪明。事实也证明有魅力的人得到的帮助会更多，更容易取得成功。面对众人的追捧、仰慕、鲜花和掌声，有些人就容易飘飘然，认为自己无所不能。所以，在某一方面特别突出、表现优秀的人，更要保持清醒的头脑，不能因为众星拱月而忘乎所以、盲目自信。承认自己有不足，不否认自己的弱点，不刻意掩饰，并如实地接受它，这样，自己会觉得轻松，也能赢得别人的尊重。有了这种态度，保持开放、谦虚的心态，才能不断进步、成长。

一个人要成长，需要有开放的头脑，善于换位思考，主动理解他人，接受不同的观点。不承认自己的局限，拒绝别人的批评，害怕别人指出自己的缺点，拒不接受别人的意见和建议，这种防御性、情绪化的反应会抵消进步的欲望，使人裹足不前。有了开放的思维，就不会先入为主、故步自封。

有一句话说："并不是每个人，都生活在同一片海里。"每个人的境遇不同，看待事情的角度和立场亦不尽相同。不同地区、不同职业、不同收入、不同站位的人之间，可以换位思考，但很难做到感同身受。所以，对自己不熟悉的领域、不了解的人，不要轻率地评价。充分尊重他人的观点，不要轻易评判别人的对与错，更不要和别人因为一些小事而争论不休。因为你不是别人，也没有经历他的人生，没有调查研究，不了解全面情况，就不要轻易下结论。你也不必去责备没有人理解你的不幸和苦难，因为别人没法设身处地，也没有那么多时间和精力体会你的辛酸。

有个成语叫坐井观天，意思是井底下的青蛙，只能看到井口那么大的一块天，这个成语常被用来比喻一个人的见识短浅。其实每一个人都有自己的圈子，每一个人都有自己的禁锢，每一个人都有自己的一口井。每个人都跳不出自己的圈子，你所在圈子的水平，会影响你的水平。这个圈子就是你的"井"。

我们曾经或者一直鄙视身边的某个人，或者视某些人为井底之蛙。殊不知，有时候，我们可能也是那只坐在井底的青蛙。不同的是，有的人"井"比较小，有的人"井"比较大，有的人"井"比较深，有的人"井"比较浅而已。因为将自己局限在一个狭小的空间，看不到更为广阔的天地，也不能从其他角度去观察问题，这就是井底之蛙的盲点和痛点。倘若我们能跳出这种局限，开阔自己的视野，知道天外有天、人外有人，不断学习、虚心求教，我们一定会进步得更快，人与人之间的关系也会更加和谐。

2. 兼听则明

人们常常容易过高地估计自己，或者在描述某人某事的时候夸大其词：夸大自己的主观感受、夸大自己的影响、夸大自己的作用、夸大自己的不幸、夸大自己的成绩，等等。在一份涉及 100 万名高中生的调查中，学生被要求评估自己与他人相处的能力，100% 的学生认为自己的能力至少处于平均水平，60% 的学生认为自己的能力在前 10%，25% 的学生则认为自己的能力处于前 1%。当问及他们的领导能力时，只有 2% 的学生评估自己的能力低于平均水平。同样的问题对老师们的调查结果与学生基本相似，94% 的大学教授认为自己的能力高于教师们的平均工作水平。可是，事实果真如此吗？

夸大其词

有一位农夫的家紧挨着一个大池塘，每天晚上池塘里的蛙鸣声都扰得农夫难以入眠。终于有一天农夫被吵得忍无可忍了，他来到城里的一家餐馆，向老板打听是否需要青蛙，说他那儿有数万只。餐馆老板听后吓了一跳，他告诉农夫："你知道数万只青蛙是什么概念吗？我敢打赌，即使 1000 只青蛙估计都没有。"但是农夫信誓旦旦地说，他亲眼看到自家后院的池塘里密密麻麻全是青蛙，至少有1万只。农夫反复保证他可以确信这一点，于是和餐馆签订了一项协议：在接下来的几个星期里向餐馆供应青蛙，每次500只。结果第一次交货的时间到了，农夫违约了。他家后院的池塘里只有几十只青蛙，平日那令人心烦意乱的噪声也都是它们发出的。池塘里有数万只青蛙，这是农夫根据自己听到的声音作出的直觉判断。任何一个有常识的人都可以判断出他的直觉是错的，但为什么农夫一口咬定青蛙的数量有几万只，还保证自己看到过呢？这是由于不堪蛙鸣干扰而过分夸大了自己的感受。

类似的例子很多。比如，我在上课时常给学生推荐阅读一些书籍。我内心希望同时也是乐观估计，在听了我的推荐后应该会有许多学生去买这本书来看。但过了一段时间，我做了个调查，真正去找这些书来看的学生很少。但这也不能否定给学生推荐阅读书目所发挥的作用，因为只要在100个学生里面有五六个学生看了这本书，就是一件值得庆幸的事情。

人们都希望自己所做的每一件事情有更多的人回应，使更多的人有收获，但实际上振臂一呼应者云集的事情一般很难发生。一场演讲，有30%的听众觉得有收获，就已经足够了。有一次在单位门口遇见一位在行政部门工作的同事，他说前一段时间听了我的一场报告后，现在开始读书了，我听了以后非常感动。老师讲的一堂课，朋友说的一句话，做的一件事情只要有一少部分人受益，它就是很有价值的。

我们常常不仅对自己过高估计，而且对其他人或者其他事物也经常过高估计。比如朋友推荐给我们或者你看到网评很好的一本书，但买来之后发现可能只有其中的一两章或者一段话的内容你比较感兴趣或者有所感触。但即使这样，我们也应该庆幸这本书没有白买。对一本书不能给予过高的期望，除非是传世的经典之作，绝大部分的书能有 10% 到 30% 的内容使我们看后有所收益，就已经很不错了。何况众口难调，自己觉得没有意义的内容，也许会令其他读者醍醐灌顶。

极度开放

怎么样使自己的认识更客观、更准确呢？在电视连续剧《神探狄仁杰》中有一个场景，许多观众都非常熟悉。狄仁杰在分析案情时，经常会征询元芳的意见："元芳你怎么看？"这句台词一度被人用来调侃有的人没有主意，遇到什么事情都要问别人。剧中的人物狄仁杰给人的印象是智勇双全、做事沉稳、思维缜密，他在办案或者处理公务时，能够充分听取他人意见，特别是官位比自己低的人的意见或建议，这一点看似容易，实则非常难能可贵。

全球最大的对冲基金——桥水联合基金的创始人瑞·达利欧在他的畅销书《原则》里推崇一个自我管理原则，称为不断"进化"。他认为，一个人完成"进化"需要两个条件：第一个是保持头脑"极度开放"，第二个是克服"自尊心障碍"。所谓"自尊心障碍"，指的是大多数人会因为自尊心作怪，担心受到别人的攻击，拒绝别人的批评，害怕别人指出自己的缺点，从而放弃做某件事情。所以，要想提高自己的认识水平，在工作中少犯错误、不断进步、取得更大的成就，必须要有一个开放、谦逊、客观的心态，勇于承认自己的不足，多听取他人的意见。

集思广益

有个成语叫集思广益，意思是集中众人的智慧，广泛吸收有益的意见。人们做事情，尤其是要作出重大的决策，为什么要听取他人意见呢？因为人无完人，由于主客观等各种因素的影响，每一个人的认识水平多多少少都会有一定的局限性，任何人都不可能什么都懂，不可能说的每一句话都对。这个道理大家都懂，但是在遇到具体问题的时候，许多人往往背道而驰。

历史上不乏一些重大决策，由于没有充分听取意见，给社会发展进步和人民群众的生命财产造成了巨大损失。人们不愿意征求别人的意见，一般有三种原因：第一是无意识的，有的人压根想不到听取他人意见、得到他人帮助可以使自己做得更好。第二是有些人自认为水平很高，其他人都不如他，觉得没有必要听别人的意见。第三是有的人担心听取别人的意见丢面子，显得自己水平差。尤其是职务高的人听取职务低的人的意见、年龄大的人听取年龄小的人的意见、教师听取学生的意见等情况下，有的人会有心理障碍。

当我们作出一个决定或者决策的时候，总是希望它是对的，能够取得好的效果。当我们向他人请教或者听取意见时，会有三种可能：第一种可能是别人说的意见跟你的一致，那么这显然有助于坚定你做这件事情的决心和信心；第二种可能是对方完全否定你的意见，认为你这件事情不能做，这个时候你就可以分析对方讲的有没有道理，考虑是否改变你的决定；第三种可能是对方认为你的决定是对的，但是有些情况没有考虑充分，或者你的决策方案有缺陷需要修正，如果你认为对方说的有道理，就会认真完善你原来的方案。这三种情况对你都只有好处，没有坏处。

俗话讲，"三个臭皮匠，顶个诸葛亮""兼听则明，偏听则暗"，遇事不妨多听取一下他人的意见，尤其是听取反对的意见，或者与自己不同的声音，效果会更好。

3. 心想才能事成

人们常常认为自己所做的一切都有一个深思熟虑的理由。但是令许多人没有想到的是，其实在我们做的许多选择、许多行为背后，常常有一股未知的力量在影响着我们——这就是潜意识。人们的意识由两部分组成，显意识和潜意识。显意识只是我们感受到的意识的很小的一部分。潜意识是大脑最初的那部分结构，在意识进化发生之前就形成了，它比显意识要强大许多倍。

神经科学告诉我们，显意识工作的时间只占 5%，也就是说我们人生 95% 的时间都处于潜意识掌控状态。比如，当我们注意力不集中时，潜意识就开始运行了。许多司机都有这样的经历，开车的时候头脑并没有一直在想开车，有时在想过去发生的某件事或者接下来要做什么，而你的动作还在继续开车。有的司机一边开车，一般和朋友交谈。有的司机在开车时听音乐，偶尔会往窗外看看。

著名心理学家卡尔·荣格曾经说过："有一些事物我们并没有意识到，可以说他们存在于我们意识范畴之外，但他们确实存在着。发生在我们身上林林总总的事情都有潜意识因素。潜意识在日常生活中似乎发挥的作用很小，然而事实是潜意识正是我们理性思维的隐形根源。"成语故事"杯弓蛇影",讲的就是潜意识对人们产生的巨大作用。许多学者经过研究得出一个结论：如果一个人想要成功、想要美好的生活、想要崇高的地位、想要快乐的心情、想要健康的身体等，当这样的想法、愿望、潜意识足够强烈，并为此也持续付出艰辛的努力，它就会转变成事实。我们常说的"心想事成"，正是利用了潜意识和心理暗示的力量。

记得有一年，我们单位组织几名学生参加一项比赛，根据参赛学生平时的表现和准备情况，我提出可以再努力一下，争取获得两个一等奖。但有几位老师说，能获得一个一等奖就很不错了，上一年我们一个一等奖都没有。而比赛的结果是，我们有一位学生获得了一等奖，另一位实力很强的学生，由于一个细节没有把握好，与一等奖仅相差一步之遥。有句话说"没有做不到，只有想不到"，这句话客观来看并不完全对，因为过分夸大了人的主观能动性。但是，如果你想都不敢想，那又怎么可能实现呢？

潜意识的作用不容忽视

1968 年的一天，美国心理学家罗森塔尔和助手们来到一所小学，和校方一起进行了一项实验。他们从一至六年级选出了18 个班的学生进行"未来发展潜力测验"。罗森塔尔通过各种测试作出了一份"最具发展前途的学生"的报告和名单，并把名单交给了校长和相关老师。罗森塔尔反复叮嘱他们务必保密，以免影响学生的情绪以及接下来实验的准确性。八个月后，罗森塔尔和助手们对那18个班级的学生进行了复试，结果奇迹出现了，凡是上了名单的学生，每个人的成绩都有了较大的进步，而且性格比以往更活泼开朗，自信心更强，求知欲旺盛，也乐于和别人打交道。

其实，罗森塔尔撒了一个谎，名单上的学生并不是经过什么反复测试筛选出来，而是随便挑选的。几位校长和教师都坦言，他们严格按照罗森塔尔的要求，遵守实验进程规定，并没有对那份名单上的学生进行过特殊的照顾，也没有刻意的言语或举止上的表露。显然是罗森塔尔带有权威性的谎言影响到了校长和老师们，左右了他们对学生能力的评价，而老师们又不自觉地将自己的这一心理活动通过自己的情感、语言和行为传染给了学生，使学生变得更加自尊、自爱、自信、自强，从而使他们在各方面得到了异乎寻常的进步。后来，人们把这种由于他人（比如老师和家长这种生活中的"权威人"）的期望和热爱，而使人们的行为发生与期望趋于一致的变化的情况命名为"皮格马利翁效应"，又因为是罗森塔尔提出实验验证的，学界也称其为"罗森塔尔效应"。皮格马利翁效应给我们的启示是：对一个人传递积极的态度或期望，就会使他进步得更快、发展得更好。反之，向一个人传递消极的态度则可能会使他自暴自弃、放弃努力。

让自己充满正能量

正能量的内涵包括积极、乐观、自信、健康向上，等等。正能量能给人希望、给人方向、给人力量、给人智慧、给人自信、给人快乐。科学研究表明，人们会受暗示的影响，暗示包括自我心理暗示和他人的暗示。如果能建设性地运用自我暗示，就能给我们带来成功与快乐。反过来，如果消极地运用它，也会给我们带来破坏性的后果。就像有人说的，有些人之所以总是"倒霉蛋"，有些人之所以在失败、贫穷、悲惨、失意中度过一生，就是因为消极地运用了自我暗示法则。

《潜意识》一书的作者列纳德·蒙洛迪诺说："很多成就都取决于对自己能力的信任，而那些最伟大的成就，有可能依靠的就是盲目的乐观态度。即使最终你所相信的并没有变成你成就中的真正细节，但是相信自己本身就是生活中一种非常积极的力量。"没有谁愿意与一个爱抱怨的人成为朋友，其散发的负能量虽然能让自己一吐为快，但解决不了任何问题，还会影响周围人的情绪。

人们都喜欢听高兴愉快的事，都不愿意被各种负面、消极的情绪包围。人们更愿意处在欢乐的氛围之中，而不愿意被忧愁的阴霾笼罩。跟着幸福的感觉走，你就会一直生活在快乐的空间里。你的幸福、快乐和热情也会蔓延开来，会感染他人。所以我们一定要使自己每天充满正能量，保持积极、健康、向上的精神面貌，多与他人谈论高兴的事情，多与他人分享快乐。当然，不要过分炫耀或者夸大。

远离负能量

　　人们更愿意身边的人都能够开朗乐观，总是希望每天都能听到高兴的事而不是坏消息（即使是别人的坏消息）。要想每天有一个好心情，除了自身调节以外，一定要远离那些负能量"爆棚"的人，多与积极向上，能给你鼓励、给你帮助、给你提出建设性意见的人交往。远离那些一味地自怨自艾、怨天尤人或者常常抱怨、批评他人，而自己却无所事事、混日子的人，这些人只会徒增我们的烦恼。古罗马思想家马可·奥勒留曾经说过："一个人的思想造就了这个人的生活。"有些人总是选择不快乐，但他们却意识不到这一点。比如有的人常常叹息，"我今天怎么这么倒霉，什么事都不顺，每个人都跟我作对。""这件事我不可能成功，他能做到，但我不能。"如果每天抱着这种态度，你可能会把所有不愉快的经历都吸引过来，你就会感到诸事不顺，也很难成功。

　　暗示对人的作用非常大，它通过对潜意识的不断肯定或反复暗示使人充满希望或丧失信心。你所生活的这个世界到底是什么样的，你每天是快乐还是痛苦？这是由你自己决定的，很大程度上取决于你的自我暗示。19世纪美国哲学家的领军人物拉尔夫·艾默生说过："一个人整天想着他是一个什么样的人，他就会成为一个什么样的人，你意识里的那些习惯性想法往往会在现实生活中悄然实现，一定不要沉迷于那些消极失败沮丧的情绪中，要经常回想那些存在于你意识中的特别愉悦的经历。"所以，我们要摒弃那些消极的暗示。比如，"这个你肯定办不到""反正也没人在乎你,这么努力干嘛""事情越来越糟糕,你输定了""人心隔肚皮,千万不要相信任何人",等等。如果你相信了这些消极暗示的话,你的生活就会变得如此。

胡适在《我的母亲》一文中说:"世间最可厌恶的事莫如一张生气的脸,世间最下流的事莫如把生气的脸摆给旁人看。"如果经常处于一种消极状态,比如仇恨、嫉妒、自私、抱怨等,不仅周围的人会不舒服,自己心情也不好,我们的生活、工作、事业恐怕也会一团糟。所以,无论什么时候都要把自己好的一面展示给大家。就像一个女孩子精心打扮,穿着漂亮的衣服,自己光彩照人,别人赏心悦目,最终自己也心情愉快,充满自信。如果有时候确实心烦意乱,也要假装快乐,时间长了你就会真的快乐起来。就像假装睡觉,装着装着就真的睡着了。

要学会让自己每天处于一种积极向上的情绪之中,比如自信、乐观、信任、关爱、微笑,等等。有一项研究显示:对自我有着准确认识的人往往都患有中度抑郁或者感到自卑,而对自己适度过高评价的人往往更健康、更幸福。那些自我感觉良好的人往往更愿意相信别人,有良好的合作精神,在发生冲突的时候也更容易找到有效的解决方法,在遇到挫折和挑战时,这种人也更有可能坚持到底。对他人多一份信任、多一份关爱,我们就会得到他人更多的信任和帮助。

明确知道自己想要什么

要想使自己的将来比现在更好，比如取得更高的学历、谋取更高的职位、获取更多的财富等，就必须敢于梦想，给自己定一个明确的目标，同时把梦想变成一个清晰的思路。不但清楚地知道自己想要什么，而且还要有达到这个目标的强烈愿望。

比尔·盖茨最早接触计算机，开始为计算机编程时只有13岁。1973年，他作为新生进入哈佛大学学习，在那里，他与后来微软公司的CEO史蒂夫·巴尔默相识并结交。在哈佛读书期间，盖茨为第一台微机设计了一种叫作BASIC的程序语言。读大二时，盖茨沉迷于开一家软件公司的梦想，以至于中途退学离开哈佛。为实现这一梦想，他和儿时的朋友合伙成立了微软公司，这也成为这次奋斗的基础和平台。他们认为，计算机应该放在每间办公室和每个家庭，成为一种有用的工具。在这种信念的指引下，他们开始为个人电脑开发软件。盖茨的远见卓识和他对于个人计算机的深谋远虑，成为微软公司和整个软件业成功和繁荣的关键，也给他带来了巨大的财富，使他成为全世界的首富。实现这一重大目标之后，比尔·盖茨继续追求新的目标，他的目标有两个：一是不断改进计算机程序，二是发展慈善事业。后来，他和时任妻子梅琳达设立了当时世界上数额最大的慈善基金。

要取得巨大的成就，成为伟大的人物，首先要有远大的人生目标。这个人生目标必须付出艰苦的努力才能达到，而不是轻轻松松就可以实现的。同时，还要将自己的梦想立刻付诸行动并坚持下去。认定的目标不一定要告诉别人，但自己心里一定要非常清楚，而且要天天琢磨、时时思考怎样能达到这个目标，为实现这个目标，自己每天应该做点什么。这个梦想不是简单的一个愿望，而是深信自己一定能够实现这个目标的坚定信念。只有相信自己能得到某样东西，你才会考虑准备接受它。当你把心思放在你想要的东西上，专注于你的远大目标，你所有的消极状态也会烟消云散。

"我命由我不由天"

制定远大的目标并为之不懈努力的人，对自己往往都有足够的自信。没有人天生就一定贫穷，也没有人注定一生应该倒霉，正所谓"我命由我不由天"。每个人都应相信，通过自己的努力，未来一定会更加美好。有句话说得非常好："追求生活富足并不比接受不幸和贫穷更困难。"一位诗人曾写下这样一首诗："我向生活索取一个铜板，生活给予却极不情愿，无论我在黑夜如何祈求，却只能对着微薄的收入无言。生活就是一个雇主，他会按照你的要求给付，而一旦自己定了薪酬，就要把工作担负。我的追求不高，却惊异地知道，原来我的所有要求，生活都会慷慨回报，欲望有如天助。"所以，在制定目标时要大胆自信，给自己定的目标要适当高一些，而不是触手可及、唾手可得。人人都能轻易得到的东西，往往不是你想要的。

《思考致富》一书介绍了把追求财富的欲望变成金钱的六个明确的步骤，这可以为我们实现人生远大目标提供一个参考。

第一，在头脑里设想一下自己渴望得到的具体金钱数额，笼统地说"我想要好多好多钱"是不够的；第二，明确自己能够付出多大努力去换取想要的财富；第三，确定得到梦想中金钱的日期；第四，制定一个实现梦想的明确计划，不论是否做好准备，立刻开始执行；第五，列一份清晰具体的清单，写下你想得到金钱的数额及得到这笔钱的最后期限、需要付出的代价以及积累这笔财富的明确计划；第六，每天把这份清单读两遍，睡觉前读一遍，早晨起床时再读一遍，要看到、感觉到并且相信自己已经拥有了那笔钱。

敢想敢做

无论遇到任何事情，一定要大胆地去想、大胆地去做，只要确信这样做对自己不会带来伤害。没有做之前不要轻易下结论说不可能，即使开始的时候遇到了挫折，也不意味着这件事情就一定不可能。

有一次，我给读高一的孩子讲，你现在开始要给自己定一个目标，每天想着自己将来高考要考取某所全国一流大学，然后为此付出努力。孩子说，如果每一个同学都这么想，那怎么可能都考上呢？我跟他说，对于这个问题，我们可以从以下几个方面分析：第一，有许多同学在高一时压根没有去想这件事，只是走一步看一步。事实上，许多高中生对自己将来要考一所什么样的大学几乎没有什么想法，我当年就是这样，在整个高中阶段从来没有想过要考一所什么样的大学，也没有老师与我们谈论过这件事，一直到高考结束填报志愿的时候，才开始考虑。第二，有的同学思考了这个问题，但与你想的可能不是同一所大学，因为每一个人的想法不一样。比如，有的同学会认为自己实力不够，觉得这个目标太高而不敢想。第三，即使极少部分同学也同你一样把这所大学作为奋斗目标，也不是每位同学都会为实现这个目标去付出足够的努力。

任何人在取得成功之前，都经历了许多让人心碎甚至不堪回首的奋斗过程，都遇到过不为人知的挫折甚至失败。行百里者半九十，有不少人本来与成功已近在咫尺，却因为贸然放弃而后悔不已。许多人在被迫经历了各种磨难后，往往能挖掘出自身以前没有想到的潜力，发现自己努力之后，会比想象的优秀很多。成功人士的经验告诉我们，一个人之所以成功，就在于面临失败时能坚持再迈出一步。拿破仑·希尔说："失败是个骗子，他对人尖刻而狡猾，喜欢当胜利近在咫尺时将人绊倒。"不管在任何时候都要保持定力、坚定信念，不要被一时的困难和失败吓倒。当你下定决心，全力以赴去做一件事情时，全世界都会帮你。

4. 换个角度看问题

我们有时候心情愉快，有时焦躁不安。大部分人认为我们的焦虑、压力和紧张都是因为外在的境遇，但实际上，没有哪一种境遇一定会让人感到焦虑。只是对境遇的心理反应让人感到焦虑，而不是境遇本身。有这样一个现象，面对同样的境遇，不同的人往往会有不同的反应。比如，在一个公司里从事同样的工作，有的人感到很快乐，而有的人却感到压力很大。

有句话说得好，你的思想控制着你的人生，你创造了你自己的一切。是你创造了你的焦虑，而不是外在的境遇；是你控制着你的焦虑，而不是境遇在控制你。所以人一生的好与坏，很大程度上是由自己决定的，而用什么样的方式思考问题，在其中发挥着巨大的作用。因此，我们要明智地选择自己的思想，通过改变自己的思维方式改变自己的人生。

我们可以通过说话和做事了解人与人之间的不同或差距。同样一件事情，有的人这样看，有的人那样看；同样的事情，有的人这样做，有的人那样做；同样的话，有的人这样说，有的人那样说。导致这种差异的主要原因是人的思维方式，比如许多事情不敢做或者没有做好，往往是由于思维僵化、思想保守、考虑问题不全面等。你是否曾经对某个问题左思右想，搞得自己焦躁不安，后来却发现让我们坐立不安的许多事情，其实没那么重要，问题也没那么严重？或者你有过这样的经历：你对某件事情感到不知所措，然后你向朋友诉说了这个情况，朋友说的一句话就让你豁然开朗，而你以前从来没有想到过可以这么处理。成功人士之所以成功，一个主要原因是他们与普通人的思维方式不同。

思维是人脑的活动，思维方式是一个人思考问题的方法和思考问题的角度。通俗地说，就是人们观察、分析、解决问题的模式化、程式化的心理结构。虽然思维方式体现在思想、意识、观念等方面，但是它决定着人的语言和行动。我们每天要与各种各样的人打交道，听他们说话，看他们做事。俗话说"知人知面难知心"，是说一个人内心怎么想的，外人很难知道。但是，如果仔细观察一个人的语言和行动，是可以对他的思维方式和内心想法有所了解的。

幸福生活源自正确的思维方式

影响一个人日常工作成果或者事业成功的主要因素，包括工作能力、努力的程度、机遇等。日本京瓷公司创始人稻盛和夫的成功方程式是这样的：工作的结果 = 思维方式 × 热情 × 能力。在这个公式中，他将"思维方式"放在了首位，而将"能力"放在了第三位。稻盛和夫发现一个有意思的现象，一个人天生能力的高低，与漫长人生中的成功与否关系不大。他认为，一个人不管多么有才能，不管多么热情地投入工作，也就是说，不管"能力"和"热情"的得分多高，如果"思维方式"错了，乘积就是一个负数，人生的结果绝不会美妙。对于人与人之间的差异，我们往往关注情商和智商，在人与人之间的关系上，习惯于考虑对方是善意或者恶意，其实仔细分析，我们会发现人与人之间说话与为人处事存在差异的根本原因在于思维方式。

有的人会为自己的失败找理由、做辩解、发牢骚，忌妒别人，愤世嫉俗。如果持有这样的"思维方式"，人生的结果就会呈现负值，"能力"越强、"热情"越高，反向的人生结果就越大。相反，有的人不管遭遇任何艰难困苦，都能从容面对，从正面去思考，相信自己一定会拥有光明的前景，以积极开朗的态度，持续地努力，只要拥有这种正向的"思维方式"，即便"能力"略有欠缺，只要不怨天尤人、不消沉颓废、不牢骚满腹，就能度过幸福美好的人生。

你的情绪是你决定的

戏剧《哈姆雷特》里有一句台词："世事并无好坏之分，全看我们怎么去想。"这句话说明了一个非常重要的道理，一件事情是好是坏，不在于事情本身，而在于我们怎么看待。同样一件事情，有的人认为是好事，有的人则认为是坏事。中国古代的成语故事"塞翁失马"就说明了这个道理。我们每天的经历都可以证实这个简单的原则——我们的想法决定了我们的情绪，而不良的情绪会对身心造成很大的伤害，影响我们的正常生活。看似是别人说的某句话、做的某件事情使我们感到愤怒、内疚、焦虑、羞耻、受挫、怨恨或者忧郁，实际上是我们自己的想法和观念使我们产生这种感受。尽管可以责怪别人，责怪生活处境，但其实影响人们情感的主要取决于自己的认知。我们不能改变别人，不能改变境遇，但可以改变自己的思维方式，改变对事物的态度或看法。如果学会用一种更健康的方式来思考，我们就不会遇到问题就自寻烦恼。也就是有人说的，心可以将地狱变为天堂，也可以将天堂变为地狱。

眼见不一定为实

俗话说"耳听为虚，眼见为实"，实际上眼睛看到的东西也不一定是真实的。有一位男士结婚后，太太因难产去世，留下一个孩子。男士因工作繁忙，没有人看孩子，就训练了一只狗，这只狗非常聪明，能照顾小孩，还会咬着奶瓶给孩子喂奶。有一天，主人出门去了，让狗在家照顾孩子。男子去乡下遭遇大雪，当日未能赶回来。第二天回到家后，狗立即闻声出来迎接主人。他把房门打开一看，地上到处是血，床上也是血，狗满身也是血，孩子却不见了。主人看到这种情形，以为是狗性发作，把孩子吃掉了，大怒之下，用刀把狗杀死了。谁知这时忽然听到孩子的声音，见孩子从床下爬了出来，身上到处是血，但并未受伤。他很奇怪，不知究竟是怎么一回事，再看看狗，发现狗腿上的一块肉没有了，旁边有一只死了的狼，嘴里还咬着一块肉。男子这才明白，是狗救了他的孩子，而自己却将它误杀了。这个故事说明，有时候我们亲眼看到的未必是事实。遇到任何事情，尤其是突发事件，要冷静面对，不要惊慌失措轻率下结论，先把情况调查清楚，再考虑应该怎么做。

记得以前听《刑法学》课的时候，我的老师曾问过我们这样一个问题，是不是杀人者都构成故意杀人罪？比如我们在街上偶然看到甲用刀捅死了乙，就会草率地认为甲构成犯罪，实际上并不一定。甲如果是因为受到乙的不法侵害，严重危及自己的人身安全，情急之下杀死了乙，甲就不构成犯罪。《中华人民共和国刑法》第二十条第三款规定："对正在进行行凶、杀人、抢劫、强奸、绑架以及其他严重危及人身安全的暴力犯罪，采取防卫行为，造成不法侵害人伤亡的，不属于防卫过当，不负刑事责任。"电视里经常能看到公安机关抓捕人犯时要给其戴上面罩，这是因为这个人是否构成犯罪，要经过公安机关侦查、检察院起诉、人民法院判决后才能认定。在人民法院有罪判决生效之前，只能称其为犯罪嫌疑人。

好的关系，是麻烦出来的

有一位女同事，想找单位一个年轻人给她帮忙，但又不好意思，怕他不会帮自己。我对她说，人与人之间都需要互相帮助，这又不是什么难事，你没有问怎么知道他不会帮呢？何况他这次帮了你，将来他有什么事情需要找你，是不是顾虑也就小了？她一听挺有道理，就联系那个年轻人，他果然愉快地答应了。

父母常常教育我们，自己的事情自己做，不到万不得已，不要麻烦别人。因此我们大部分人遇到问题倾向于自己解决，不愿意麻烦别人。有句话说，高情商的人，都懂得麻烦别人。当我们自己无能为力或者遇到困难需要帮助的时候，只要对方是力所能及的，又不违反原则，就可以主动求助别人。这不仅不会让人觉得厌烦，反而能为自己带来意想不到的收获。

一位著名主持人曾说："社会其实是由人情构成的社会，所以你为我天天麻烦，我为你天天麻烦，我们才能成为彼此不分你我的一家人。"据说，一位美国国会议员因为政见上的不同，对待时任总统富兰克林的态度很不友好，甚至还公开咒骂他。但是，富兰克林并不想因此而跟他结下宿怨，还期待与这位议员合作。富兰克林听说这位议员的图书室里藏有一本特别的书，于是便给他写了一个便笺，表示想借这本书看看，没有想到这位议员很乐意地把书借给了他。一个星期后，富兰克林把书还给这位议员时还附上一封信表达了自己的谢意。后来，当他们再次见面的时候，这位议员还主动向富兰克林表示自己随时愿意效劳。富兰克林说："让别人喜欢你的最好方法不是去帮助别人，而是让别人来帮助你。"在遇到困难时，我们要敢于开口向人求助。有许多人帮助我们，好运自然就会降临。有句话说，帮助别人，就是帮助自己。最好的感情是经常联系产生的，而请人帮忙就是联系的一种非常好的方式。

没有白走的路

生活中有一些事情我们常常不能理解别人为什么那么做。其实仔细了解一下，就会发现别人的想法跟我们不一样。以前单位办公室有一位工作了三十多年的老员工，上级部门经常让他去报送材料或者取文件，虽然在同一个院子，但步行大概需要 10 多分钟。天热的时候走一趟，就会大汗淋漓。他完全可以让助管或者其他年轻人去，但是每一次他都亲力亲为。有一次我就问他，你为什么不让年轻人去呢？他说，一是自己去能把事情说清楚；二是经常去一些部门，与相关人员关系也就熟悉了，以后工作起来就方便；第三，他平时不太活动，如果长时间坐着，对身体也不好，这样每天来回跑几趟，也锻炼了身体。听了他的话，我感到豁然开朗。同样一件事情，有的人觉得是个负担，在他看来却有这么多好处。而单位一些工作时间不长的年轻人，跑腿的事经常安排其他人去做，殊不知，这样做对自己其实并不好。换个角度思考问题，感受就会发生改变，许多问题也会迎刃而解。

敢于和陌生人说话

人在社会上生存，要与各种人打交道，有的是我们熟悉的人，有的是陌生人。由于各种原因，我们不得不与各种各样的陌生人打交道，比如在不熟悉的地方问路。与陌生人说话，因为不了解对方，不清楚对方会作何反应，有的人会心存顾虑甚至胆怯。

事后人们往往会觉得其实大可不必，因为陌生人也是人，也有喜怒哀乐，也有需要别人帮助的时候。所以，要敢于和陌生人说话，勇于请求别人帮助。事实上，只要求助于对方，在力所能及或是举手之劳的情况下，许多陌生人都会提供帮助。

记得有一次我在学校新校区给大一学生上公共课，课间休息时，班里一个女生拿了一本书来找我，说她在老校区图书馆借了一本书，请我帮她到图书馆归还一下。我当即答应了。新老校区相距大约一个小时的车程，她大概觉得回去一趟不太方便。这件事给我留下了很深的印象，我非常佩服这个女生的勇气。因为一般情况下老师会想到让学生帮忙，却很少有学生会主动找老师帮忙，而且还是一个简单的"体力活"。我上课的这个班里有100多名学生，许多同学名字我也叫不上来，跟这个学生也谈不上熟悉。但是我想，她如果找其他任何一位老师帮她还书，应该都不会被拒绝。所以，要善于与任何人打交道，敢于和陌生人说话，勇于寻求他人的帮助。

善于和你不喜欢的人交往

在人际交往中困扰我们的除了陌生人，还有一类人，就是我们不喜欢的人，或者说令我们讨厌的人。小时候看电影的时候，我们经常把电影里的人物分为好人和坏人。上学的时候，有的同学会因为一些莫名其妙的原因不喜欢另外一位同学。在学生时代，对不喜欢的人，有的同学就不愿意跟他打交道，不愿意跟他说话，甚至不愿意看到他。长大后才发现不能简单地把人分为好人和坏人。人性有时简单，有时又非常复杂，真正彻头彻尾的坏人很少。坏人也有好的一面，好人也有缺点或不足，甚至可能做过违背良心的事。

工作以后我们会发现，工作中的人际关系远比想象中的复杂，有的人表面热情但并不友好，有的人看似冷漠却乐于助人。有的人初识时让我们琢磨不透，走近了发现其实也很简单。有的人我们不喜欢，甚至非常讨厌，唯恐避之不及。但是有一点我们必须接受，就是在任何地方、任何单位、任何场合，周围不可能都是我们喜欢的人。不管是生活所迫还是工作需要，我们必须与各种各样的人交往，必须与不喜欢的人打交道。有人说，等我当了公司老板，我就把不喜欢的人全辞掉，其实这也是不可能的。因为我们不喜欢的人不见得一无是处，他可能在某些方面非常优秀，也是公司迫切需要的。人无完人，要用人之所长。

我们可能没有机会全面了解他人，也很难按照自己的意愿和他人相处。同样的，他人也无法完全了解我们、理解我们。有的人我们不喜欢，也有的人不喜欢我们。但是，不管是否愿意，我们要学会与各种人相处，正确对待自己不喜欢的人，尽可能全面、客观地评价每一个人，善待每一个人。不仅要学会与不喜欢的人交往，而且在遇到困难的时候，还要勇于寻求你不喜欢的人和不喜欢你的人的帮助。这不仅可以解决我们当下的问题，而且你抛出的橄榄枝或许有助于化解与他人之间的矛盾，能够意外地"化干戈为玉帛"。

5. 自信的人生最美丽

我是谁，如何正确认识自己，是一个永恒的话题。早在2000多年前，古希腊哲学家苏格拉底就告诫人们要认识自己。由于家庭出身、生活环境、文化背景等各方面的原因，不同的人既有人性共有的特征，也有自己的特点，既简单又复杂。我们每天都和自我相处在一起，但是能够准确地认识自我却并没有想象中那么简单。现实情况是，人们对自己的认识往往会存在一定的偏差。不能正确认识自己主要有两种表现，过高地估计自己或者过低地估计自己。换句话说，有的人过度自卑，有的人盲目自信。

自信指的是一个人相信自己有能力去完成某件事情。比如相信自己能通过大学英语六级考试，相信自己能学会开汽车，相信自己能掌握维修电脑的技能。同一个人对做不同的事自信心常常差异很大，比如有的人特别有信心去做生意，但是却没有信心谈恋爱；有的人特别有信心学好数学，但是却没有信心去学打羽毛球。是否有自信对一个人尤其是年轻人的成长成才、工作生活、事业发展非常重要。具体来说，是否自信可能会影响你是否能获得一个心仪的工作岗位，是否能在工作中取得好的成绩、获得同事的认可，是否有勇气去追求你的爱情，甚至影响每一天的心情。因为自信能够为我们完成某件事情提供强大的动力，它会影响人们是否有勇气去尝试做一些事情或者不去做某些事情，也决定了我们能够付出多大的努力，坚持多长的时间，取得多大的成就。

明确自己的优势

2013 年 5 月，我与一位当年要毕业的女生谈论就业时，我问了她一个问题："你觉得自己哪方面比同专业或相近专业的其他毕业生强？"她说真不知道自己哪些方面比别人强。我想她虽然这样说，并不见得真的没有什么优势或者强项，只是可能还没有想清楚，或者觉得自己某方面的优势不是很突出。事实上，每一个人都有自己的闪光点，有时我们自己可能都不清楚。网友有时调侃"邻居家的孩子""别人家的学校"似乎都比我们的好。其实，在别人眼中，你的孩子、你的学校也有许多令他人羡慕的地方。正确认识自己，清楚自己存在哪些不足、有什么优点，有助于扬长避短、取长补短。

2019 年 10 月的一天，在北京开往西安的高铁上，我遇到邻座一个 25 岁左右的北方小伙在看一本计算机方面的书籍。在聊天过程中，我了解到他是甘肃人，2017 年毕业于兰州某二本大学计算机专业，在北京工作了两年后，打算与女朋友在西安找工作。当时我就建议他可以去华为西安分公司应聘，因为华为公司大、起点高，工资水平也不错，而且还能学到很多东西。他却说："我水平不高，读的大学也不是 985、211，怎么能去华为应聘呢？这不是不自量力吗？"我当时听了很惊讶，对他说："你对自己要有信心，你是学计算机专业的，又在北京的公司有两年工作经验，应该有一定的优势，更何况名校毕业的同专业的学生也不见得个个都比你优秀。不管怎么样，你应该去试一下。即使应聘不上，也没有关系，自己又不会损失什么，还可以了解自己与其他应聘者有哪些差距。而且去华为应聘的过程，就是一次很好的学习和锻炼的机会。"听了我的话，他说会去华为试试。结果应聘过程非常顺利，最后被华为西安分公司成功录用。通过这件事，我时常在想，人一定要自信，尤其是年轻人，要对自己充满信心，任何单位都不会愿意招聘缺乏自信的人，哪怕盲目自信一点都比不自信要好。

适度自信比不自信好

大家都知道盲人摸象的故事，我们或许会嘲笑故事里盲人的自以为是和认知的局限。但事实上，我们何尝不像盲人一样，习惯于站在自己的角度上，透过自己的视野看待世界，包括看待自身。我们的视野有时并不开阔，甚至很狭窄（尽管许多人不愿意承认），这不仅导致对他人的判断常常带有偏见，而且对自己的判断也不一定客观准确。在现实生活中，人们常常低估了自己的潜力，或者不清楚自己的优势，没有预想到许多未知的或者原本认为不可能的事情其实自己可以做得很好。人们常常自以为很了解自己，但实际上只看到自己现在是什么人，却没有意识到还有更重要的部分，就是没有意识到自己还有能力成为另外一个崭新的我。我们现在拥有的一切可能只是偶然的结果。所以每一个人应该有足够的理由对自己充满信心。

　　心理学有一个自我效能理论，指的是在现实生活中，如果人们对自己的能力和办事效率抱以比实际情况更乐观的态度，往往会获得更大的成功和回报。有关人类动机的一个基本原则就是当我们相信自己能够成功，就更有可能去实现自己的目标。因此多想想自己曾经的成功、自身的优点要比关注自己的短处和不足要好得多。研究表明，自我效能感高的人性格往往都更加坚韧不拔，这些人出现焦虑或者是抑郁的可能性比较低，身体往往更健康，而且学业或事业也相对更有成就。我经常思考一个问题，也经常会问一些同事或者朋友，现在的年轻人比以往更加自信，还是不自信？对此没有做过深入的调查研究，不敢妄下结论，但是我发现身边对自己缺乏自信的年轻人着实不少。

为什么有的人更自信？

　　一个人的自信心主要来源于什么，或者说为什么有的人更自信，而有的人不自信？应该说，一个人是否自信与个人的主观努力有关，也与客观因素有关。当然，更多的人倾向于认为一个人的自信主要来源于通过个人奋斗取得的成功。但不可否认，对有些人来讲，是否自信与先天因素关系很大。比如，有的女孩天生丽质、光彩照人，自小就受到周围人的宠爱，在某些方面就容易自信。有的人家境优越、衣食无忧，令许多人羡慕，也容易自信。当然，由于知识的多寡、能力的大小等原因，他们也有不如意、不自信的地方，只是许多时候不为人所知而已。

在某些方面有明显优势的人往往更自信，所谓艺高人胆大，比如专业娴熟、事业有成、身居高位、聪明靓丽的人，等等。一个人是否自信，除了源于生活环境、先天条件以及家长对孩子自信心的培养，与读书和实践关系很大。博览群书、经历丰富、阅人无数、见多识广的人往往比孤陋寡闻的人更自信。通过自身奋斗取得的成就相比在父母创造的优厚条件基础上获得的成功，更容易让人产生自信，这种自信也更持久。换句话说，通过不懈努力成就自己，让你的孩子成为富二代要比自己是富二代更令人自信。从人与人的关系来讲，能够经常得到他人赞赏和鼓励的人更自信。

还有一些人，对自己评价比较客观，能够理性平和地看待自己，既谈不上自信，也谈不上自卑，但是一旦遭遇失败或者遭受挫折，却容易丧失信心，否定自己的价值。有这么一个故事，在一次演讲会上，一位著名的演说家手里高举着一张 100 美元的钞票，面对会场里 200 个人问："谁要这 100 美元？"一只只手举了起来。他接着说："我打算把这 100 美元送给你们中的一位，但在这之前，请准许我做一件事。"说着他将钞票揉成一团，然后问："谁还要？"仍有人举起手来。他又说："假如我这样做又会怎么样呢？"他把钞票扔到地上，又踏上一脚，并且用脚碾它，尔后他捡起钞票，钞票已变得又脏又皱。"现在谁还要？"还是有人举起手来。"朋友们，你们已经上了一堂很有意义的课，无论我如何对待那张钞票，你们还是想要它，因为它并没有贬值，依旧是 100 美元。人生路上，我们会无数次被自己的决定或碰到的逆境击倒、欺凌甚至碾压得粉身碎骨，我们似乎觉得自己一文不值，但无论发生什么或者将要发生什么，在上帝的眼中，你们永远不会丧失价值。在他看来，肮脏或洁净，衣着齐整或衣衫褴褛，你们依然是无价之宝。"所以，在任何时候，都不要因为暂时的失败或者不如意而轻看自己或者否定自己的价值。

不自信源于内心的比较

不管是有意无意，人们经常会与别人进行比较，这是避免不了的本性。但是许多人在比较的时候，往往只看某一方面，比如他个子比我高，他家境比我好，或者说我比他学历高，她比我漂亮，等等。人们也常常因某一方面比他人强一些而沾沾自喜，因为某一方面比他人差就垂头丧气。如果一味地盲目对照、片面比较，对比出来的结果是不真实、不全面的，也会降低对自我的认同感和生活的幸福感。不妨试着与别人做全面地比较，也就是看综合实力。这样，就不会因为某一方面比别人差而自卑，也不会因为某一方面比别人强就有优越感。

许多人都或多或少有自卑情结，或者曾经很自卑，只是不为人所知。新东方创始人俞敏洪出生于一个农村家庭，参加了三次高考，最终被北京大学录取。他带着蹩脚的普通话和哑巴式的英语进入了北京大学英语系。大学里的那几年是俞敏洪人生中最自卑的一段时间。从农村出来，在气质、才华等许多方面，都和其他同学相差甚远。有的同学瞧不起他，有的女生甚至不愿意搭理他。毕业后，好多同学出国读书，唯独他留在了国内。他想追随同学们的脚步，可是连去美国大使馆面签的机会都没有。可谁也没有想到，那个曾经自卑的俞敏洪，居然办起了英语培训班，并通过不懈努力，帮助了千千万万人出国留学。

只要自信就无所畏惧

周围常有一些年轻人，因为不自信而痛苦不堪。许多深感自卑的人渴望改变，又不知如何着手。一位网友在某个有关自信的听书节目评论区留言："我是个很内向的人，不愿与人沟通，也没有朋友，遇事没有倾诉的人，越来越不愿意出门，不愿意抬头走路。"对一个自信的人来讲，这似乎觉得不可思议：为什么连抬头走路都不敢？不自信与小时候的生活环境和经历有很大的关系。自卑看似是说自己，实际上是在与周围人的关系中产生的感受。在与他人的比较中，自卑的人总觉得自己各方面都不如别人。

要克服自卑，重拾自信，只能靠后天的努力，通过刻苦地学习、不懈地奋斗，使自己某一方面比别人强。要认真去做好每一件小事情，关注每一个细节，尤其是要做好分内的事务，比如在上学阶段就要好好学习，在工作阶段就要认真工作，从每一件小事情的成功中获得自信。当你在自己能了解的范围内，努力把自己承担的事情做到最好，当你的学习成绩、工作业绩或者某方面的爱好得到大家的认可甚至羡慕时，你自然就有自信了。

　　自信让人乐观向上、朝气蓬勃、勇往直前。自信可以让女人更美丽，使男人更帅气。领导更愿意把工作交给一个充满信心的人。你对自己都没有信心，别人怎么可能对你有信心？所以，一定要自信！自信会让人无所畏惧。别人也不是什么都比我们强，每一个人都有自己独特的优点和长处，所以任何时候都不要妄自菲薄，就像俞敏洪所说的，人不能自卑，把自己看得太低，否则什么事都做不成。自信能让你取得难以想象的成就。如果你还不够自信，请读一读下面美国著名畅销书作家拿破仑·希尔曾写过的一首诗。

　　　如果你认为自己会败，那么你已经失败，
　　　如果你认为自己不敢，那么你的确不敢，
　　　如果你想胜利却又怕不能取得胜利，
　　　那么几乎可以断定，你与胜利无缘。

　　　如果你认为自己会输，那么你已经输了，
　　　放眼世界我们会发现，
　　　先有愿望，后才有作为——
　　　一切均取决于精神状态。

　　　如果你认为自己卓尔不群，
　　　必然就认为自己会高人一等。
　　　只有首先志存高远、相信自己，
　　　而后才能获得胜利。

人生赛场的比拼，

并非永远是力量和速度。

总有一天，

相信自己能力的人定能胜出！

　　要经常冷静分析自己的长处和不足，付出加倍的努力，使自己的优势更加突出，与他人的差距不断缩小。如果你是一名学生，你不能仅仅满足于自己的成绩在班里是第一名，还要看看第二名与你之间有多大的差距，更要看看你与本地或者外地其他更好的学校的学生相比，有没有差距。承认不足、虚心学习、充实自己，只有你足够优秀，才会更加自信。在自己擅长的领域，高调做事，在自己不擅长的领域，低调做人。逐步在自己的语言中，把"优点"和"缺点"这两个词替换成"特点"，这样你会充满自信。

　　自信，不仅是指你对现在的自己充满信心，更重要的是你对未来也充满信心。如果你觉得现在自己各方面都表现平平，那也没有关系，你可以想想，通过长时间持续地努力，将来某个时候自己会在哪一领域比他人突出。到那时，你做人做事就一定会更有底气、更有勇气，也更加自信！

6. 焦虑不是一种病

许多人都曾经焦虑过，以后可能还会出现新的焦虑。现代社会，虽然人们的物质生活水平总体上大幅度提高，各方面条件都有了较大改善，人均寿命也有了很大提升，但是焦虑的人却越来越多。有几个问题经常困扰一些人：你是不是比以前更忙碌了？你是不是比以往更焦虑了？为什么会产生焦虑呢？工作生活压力大、任务繁重、要求太高、付出努力却没有相应的回报、没有成就感、追求完美、怕受批评，等等，都可能使人产生焦虑情绪。

有的人为昨天焦虑，有的人为明天焦虑。有的人为工作焦虑，有的人为生活焦虑。有的人为自己焦虑，有的人为他人焦虑。有的人为大事焦虑，有的人为小事焦虑，大到诸如配偶提出离婚，小到与女朋友约会遇到堵车。

为什么会焦虑？

遇到同样的事情，有的人焦虑，有的人不焦虑，有的人一般焦虑，有的人却严重焦虑。这说明焦虑与个人的自身因素、主观感受有很大的关系。焦虑产生的原因大概有以下几种情况。

第一，因过度敏感而产生焦虑。这种情况一般与他人关系不大，所谓世间本无事，庸人自扰之。比如有的人在街上就会产生焦虑，"我今天穿这件衣服是不是太难看了，别人会不会笑话我？""他刚才那句话是不是说我呢？"有的人误将他人一些与自己毫不相干的言行以为是对自己的不敬，对号入座而处于紧张焦虑中。这类焦虑在一些敏感多疑的人身上经常发生。比如，同事或朋友之间偶尔发生的一些语言上的小摩擦，本是正常现象，敏感多疑者就会去细细解读，认为这是对自己的一种故意冒犯。这样的摩擦多了之后，对方就很可能变成他的假想敌人。其实，我们大可不必总是在意别人的脸色，在乎他人的想法。正如人际关系专家黄志坚讲的："你没那么多观众，干嘛活得那么累。人生不是一场表演秀，很多时候，表演者和观众同为一人——也就是我们自己。别把自己太当回事，你没有想象中的那么重要。太在意别人的眼光，就会丢掉真实的自己。众口难调，你无法让所有人都满意，别让患得患失断送了你的幸福。"

　　第二，对生活小事或者遥远未来焦虑。这种情况是由于有的人看待事情过于悲观，把形势想得过于严峻，对未知的事情过分担忧而产生的。比如开车出去吃饭，担心到时候找不着车位，父母担心正在上初中的孩子大学毕业以后找不到好的工作、结婚买不起房子，等等。这种焦虑，有的是因为亲人之间的过分关爱，有的是对未来缺乏信心、对自己和他人缺乏自信，其根本原因是缺乏乐观看待事物的精神。

　　第三，缺乏自信产生焦虑。大多数情况下，人们之所以焦虑，是因为担心如果自己某件事情做得不好，别人对自己有不良评价或者不好的态度而影响自己的心情。有人把这种心理称为"身份焦虑"。一个人的身份是指个人在他人眼中的价值和重要性。人们之所以会对自己的身份产生焦虑，是因为一个人对自己的认识在很大程度上依赖于甚至是取决于他人的评价。举个例子，比如说你大学毕业工作几年之后，没有多少积蓄，既没有买房子、买车，也没有女朋友。而跟你一起毕业的同学，有的年薪几十万、有的有房有车、有的已结婚生子。在同学聚会的时候，那些一般人眼中的成功人士和人生赢家可能会得到更多关注。面对这种现象，有的人可能根本不在乎，觉得自己过得好就行，因此不会受到什么影响。但是绝大多数人很难做到不与他人比较，很难做到不受他人眼光的影响，很难做到心如止水，有的因此会心情不好，甚至感到焦虑。

第四，期望值过高产生焦虑。产生焦虑还有一个重要的原因，就是现实与自己的期待差距太大。与过去相比，人们的收入增加了，医疗条件更好了，物质生活改善了，但是和之前相比，我们真的生活得更加幸福快乐吗？英国作家阿兰·德波顿认为，在现代社会，人们的物质生活水平虽然得到了很大的提升，人类社会在科学技术方面取得了很大的成就，却也造成了人们永远的不满足。这是由于现代社会极大地解放了人的欲望，让我们对自己的期望越来越高，而我们对自己的这种高期待又在我们想要得到的和能够得到的东西之间，在我们实际的地位和理想的地位之间造成了永远无法填补的鸿沟，从而使得现代人再也无法感受到足够的幸福和快乐。

克服焦虑

要克服焦虑，首先必须正确认识焦虑，客观地看待焦虑。焦虑带给我们的不都是负面和消极的影响，焦虑并非全然不好，它也有积极的一面。适当的焦虑能够使人认识到自己与他人的差距，成为进步的动力，让我们不甘于落后、积极努力，为改变和提升自己而不懈奋斗。

其次要客观地看待他人对自己的评价。对他人的评价要理性对待，不需要全部认可或全盘接受。因为有些评价并不一定客观。有的人可能是出于嫉妒而故意歪曲事实、恶意评价，也有的人或许是为了讨好你而故意夸大事实、曲意逢迎，即使对方出于善意或者自认为客观的评价，有时候也不一定准确。对他人的评价要冷静分析、正确面对、不轻易为之所动。

史蒂夫·乔布斯在斯坦福大学一次毕业典礼上讲过这样一段话："你的时间有限，所以不要把它浪费在重复他人的生活上。不要为教条所困，那意味着陷入别人思考的结果当中。不要让他人意见的噪音压过你自己内心的声音。而且最重要的是有勇气去追寻自己的内心和直觉，它们在某种程度上已经知道你真正想要成为的是什么，其他的一切是次要的。"

物质财富也是引起焦虑的一个重要因素，这一点主要表现在两个方面：一是有的人物质财富相对缺乏，比如有的年轻人会因买不起房子而焦虑；二是有的人因与别人收入差距较大而焦虑。要克服因物质生活不满意引起的焦虑，除了通过自身奋斗提高收入、改善自己的生活水平以外，还必须正确理解财富与幸福之间的关系。许多人有一个误解，似乎一个人拥有的财富越多就越幸福，但是实际上拥有财富只是满足了人们在物质方面的需要。在基本生活条件达到后，情感上的满足和精神上的需要对于幸福来说往往更为重要。为了获得幸福，首先要清楚什么是自己真正想要的，通过理性的分析和思考为自己确立一个适当的、可以达到的目标，并为之不懈努力，如此我们才能获得相应的幸福和地位，我们的生活才不会被焦虑困扰。

▶ 你快乐，别人也快乐

人的一生中常会遇到一些不如意的事情，甚至很悲惨的遭遇，有的来自自己，有的来自别人。其中有许多是无法逃避、必须面对的。在这种境遇下还要保持一种快乐的情绪，不为这些事情焦虑，是一件很不容易的事情。《生而不凡》一书作者维申·拉克雅礼的妻子克里斯蒂娜曾在联合国难民高级事务处做志愿者，难民的生活极度悲惨，虽然她的工作很值得、很有意义，但是每天目睹那么多的悲惨和不幸也会让人压力重重。用她的话讲，有时会让她"几乎感觉内疚，因为自己这么的幸运和快乐"。这个心结一直留在她的心中，直到有一天她遇到一位禅师，她问禅师，"如果每天看见那么多的悲惨和不幸，怎么可能快乐呢？"这位禅师的回答非常简单，"但是如果你自己不快乐的话，那你能帮助到谁呢？"这句话让人醍醐灌顶，每一个人都无法逃避痛苦或者不幸，但是我们首先要使自己快乐起来，只有当你幸福快乐的时候，你才能真正把最好的给予他人。

不要为未来焦虑

人们的焦虑要么来自已经发生的事实，要么来自当前或即将发生的威胁。但是也有人为未来焦虑，为不大可能发生的事情焦虑。每一个人过好今天就很不容易，没有必要为明天还没有发生的事情而忧心忡忡。凡事要多往好处想，要坚信"车到山前必有路"，坚信道路是曲折的，前途是光明的，坚信一切会越来越好。

许多人经常陷入这样的思维困境：为昨天纠结，为明天焦虑。人们经常懊悔昨天有的事情没有做好，"如果当初要是那么做，我就不会是现在这个样子"。事实上昨天已经过去，再焦虑也于事无补；而明天还未到来，明天还会有明天的烦恼，每一天承担当天的忧愁就够了。正如美国著名人际关系学大师戴尔·卡耐基所讲："对昨天和明天的烦恼是今天最大的绊脚石，连最强壮的人都会被它压垮。隔离未来，就像隔离过去一样，因为未来就在今天，不会再有明天。"因此，我们首先要过好今天、善待今天，做好今天的每一件事情，把全部的心智和热情投入到今天的工作和生活中去，为美好的明天做认真的准备和积累。

古罗马诗人贺拉斯写过这样一首诗："能够善待今天的人，是真正懂得欢乐、懂得享受生活的人，他们可以把每一天都过得很好，他们会对人们说：不管以后有什么样的灾难，我都会过好每一天。"

奋斗减少焦虑

有些焦虑是可以通过个人奋斗和努力克服的。比如对自身经济状况的担忧，对未来的担忧，担心自己工作不好，找不到女朋友，等等。这种焦虑有的是缺乏自信，有的是努力不够。一味地焦虑无济于事，只会徒增烦恼，而且，谁也帮不了我们，只有依靠自己。要想拥有好的生活、找到好的工作，有更高的收入、更好的前途，我们只能努力做好自己，坚持学习，认真工作，不断提高，每天进步一点。通过读书和实践提升自身修养、认知能力和工作技能。通过不懈奋斗各方面更优秀了，不仅自己的工作生活会更好，而且也可以给他人提供更多的帮助。实现了自己的价值也就有了自信，有了自信也就少了焦虑。

7. 既不心存侥幸，也不妄自菲薄

心存侥幸与妄自菲薄是人们日常工作生活中两种常见的心理活动，也是两种不正确的心理状态，对个人生活和事业发展常常会产生不利影响。心存侥幸主要表现为自以为是或刚愎自用，抱着这种态度去做事可能会对自己或他人造成损失或者危害。而妄自菲薄的人，由于自信心不足或者缺乏勇气，不敢去大胆追求自己想要的东西，从而失去自己本来应该得到的。心存侥幸的危害是显而易见的，但妄自菲薄的损失往往看不到，甚至自己永远都不知道。

我们都曾经心存侥幸

每一个人都有过心存侥幸的经历。比如上大学的时候，有的同学明明知道老师上课要点名，仍然逃课出去玩。这个同学可能因为想着学生人数比较多，老师一般点名都是抽查，肯定点不到自己。心存侥幸是酒后驾驶者最常见的心态。人们都知道酒驾一旦被查处，后果非常严重，但仍然有司机铤而走险、明知故犯，认为警察又不可能天天查酒驾，即使查也不可能那么巧就查到自己。结果有时怕什么就来什么，有的司机因酒驾被查处，轻则罚款，重则拘留判刑，许多人因此而悔恨终生。

还有一种情况，就是有的人明明已预感到了风险，却仍然心存侥幸。2017 年 1 月 10 日，山东东平的司机徐某驾驶自己的重型货车行至青银高速青岛方向 555 公里处时，左后轮胎突然自燃起火。报警后，高速交警迅速组织消防人员赶赴现场扑救，所幸未造成人员伤亡和重大财产损失。事后，惊魂未定的徐某对民警说，他早就知道货车轮胎已经磨光，但还是怀着侥幸心理拖着没换，要不是民警及时救助，这一次长途运输就可能是他人生的最后一趟了！

我个人也常心存侥幸，比如大家都知道在城市里地铁是最方便快捷的交通工具，而且运行时间可控，所以为了保证上班或会面不迟到，一般会选择地铁出行。但有时候我如果不是因为急事出门，或者因携带物品而不愿意过地铁安检，就想着又不是高峰期，坐公交车估计也不会堵车，于是改乘公交车，结果因为路上堵车耽误了许多时间，事后常懊悔不已。于是心中暗下决心，以后乘车或做其他事情绝不能再犯这种心存侥幸的错误，但下次可能还会继续这样。

为什么会心存侥幸？

人们之所以会心存侥幸，有的是因为妄自尊大，有的是由于投机心理、盲目乐观或者心态消极。比如，大家都知道抽烟有害健康，抽烟的人也相信一定会有人因为抽烟而患病，但他们几乎都不大认为这个人可能是自己，更不相信自己会因为抽烟而患上不治之症。心存侥幸的人，往往无视基本常识和事物发展规律，臆想事态会按照自己的愿望发展，并达到自己希望的结果。

心存侥幸的人有的对形势判断过于乐观，认为事态会朝着有利于自己的方向发展，自己会很幸运，坏事、倒霉的事轮不到自己。心存侥幸最典型的例子就是赌博，参与赌博的人总认为自己会赢、别人会输，否则他们就不会去赌。墨菲定律告诉我们，如果事情有变坏的可能，不管这种可能性有多小，它总会发生。鬼谷子曾说过，有三个特征的人注定是没有福气的人，其中一个就是刚愎自用、不听人劝、凡事都心存侥幸的人。这类人认为自己的想法永远是对的，觉得所有的事情都在自己的掌握之中。

心存侥幸的人往往想走捷径

心存侥幸的人还有一个特征，就是懒惰、懈怠，做事情态度不认真，不愿下功夫，凡事想走捷径。特斯拉 CEO 马斯克说："那些想走捷径的人，最后都走了弯路。"尤其是在网络信息时代，我们吃饭是快餐，寄信是快递，乘车是高速，培训是速成，遇事想走捷径或急于求成的人不少。许多人想寻找更快成功的途径，有的人渴望一夜暴富。可是成功从来都是急不得的，它只会垂青于那些脚踏实地的人。成长都是一步一步走出来的。在那些优秀人士的眼里，任何大事，都需要化作日常细节，完美地做好每件小事，才有最后大事的成功。

成长从来没有捷径，包括人们心目中的许多"聪明人"，其实他们也在用笨办法。胡适曾说："这个世界聪明人太多，肯下笨功夫的人太少，所以成功者只是少数人。"篮球天才科比是 NBA 历史上最伟大的运动员之一，曾经 5 次获得 NBA 总冠军，17 次入选全明星阵容，在赛场上曾有过单场 81 分的战绩。在 NBA 赛场上，比科比有天赋的球员有很多，为什么能达到像他那样的成就的却寥寥可数？NBA 励志短片《你究竟想多成功》里，记者问科比为什么能那么成功，科比反问道："你知道洛杉矶早晨四点是什么样子吗？"科比说："我知道洛杉矶每天早晨四点的样子。"自从进入 NBA 以来，科比长期坚持早晨四点起床练球，每天都要投进一千个球。科比之所以能达到现在这样的高度，除了天赋外，很大程度是由于勤奋。大部分人还在睡梦中时，他已经开始了练习。

妄自菲薄容易使我们丧失信心

妄自菲薄指的是不切实际地过分看轻自己，比如对自己的品德、能力等没有自信，对自己完成某项任务缺乏信心。"妄自菲薄"出自诸葛亮的《前出师表》，"诚宜开张圣听，以光先帝遗德，恢宏志士之气，不宜妄自菲薄，引喻失义，以塞忠谏之路也。"意思是，皇帝应该广泛听取臣下的意见，以发扬光大先帝遗留下的美德，激发志士的勇气，不应过分地看轻自己，援引不恰当的比喻，以堵塞忠言进谏的道路。妄自菲薄会束缚我们的思想与行为，因为妄自菲薄的人往往过低估计自己的能力，或者过高估计对手的强大及完成任务的难度，从而丧失做事情的勇气和信心。

人世间的许多事不是因为难而不敢做，而是因为不敢做才难。真正做了之后，你会发现许多事情并没有原来想象的那么难，对手也远没有你想象的那么厉害。有这么一则小故事：一户人家的菜园里有块"大"石头，经常把人绊倒，但几十年过去了也没人去移走它。因为从露出地面的部分看，这块石头很大。儿子问："爸爸，那块讨厌的石头总是让我受伤，我们为什么不把它挖走？"爸爸说："那块石头从你爷爷在的时候就一直在那儿了。你看看，它的体积那么大，如果我们动手挖，不知道要挖到什么时候呢。"一天，这家常被石头绊倒的儿媳妇痛下决心，一定要把"顽石"搬走。本打算用几天，甚至十几天来完成这项艰巨的任务。谁知挖着挖着就发现，石头埋在地下的部分其实很少，仅用了十几分钟，她就轻易将绊倒了几代人的"大"石头搬走了。结局出乎意料，却告诉我们一个道理：埋在地里的顽石其实并不可怕，真正可怕的是埋在我们心中的"顽石"。

你并不知道自己的潜力有多大

妄自菲薄的人要么没有远大理想，要么即使有远大理想，也缺乏实现理想的坚定信念和必胜信心。实际上，许多人并不清楚自己的潜力有多大，人们常常有这样的思维桎梏，比如我不适合打篮球，我不是做生意的料，等等。信心是成功的秘诀，"我成功，是因为我志在成功"，只有想到才有可能做到。如果没有远大的目标，没有毅然的决心与信心，成功当然也就与你无缘了。

今日头条刚开始运作时，创始人张一鸣给大家讲，要做 1 亿的日启动次数。事实上，2019 年今日头条的日启动次数已经到了 5 亿。但当时许多人觉得，这个目标只有大公司才能做好，你这家小公司怎么可能做得到呢？于是一些员工就不敢大胆去尝试。人们经常说敢想敢做，如果连想都不敢想，又怎么可能做好呢？

不妄自菲薄，是一种勇气、一种气度、一种担当，具体到行动上就是要敢于面对自己、成就自己，勇于拼搏和承担风险。美国著名学者纳西姆·尼古拉斯·塔勒布在《反脆弱》一书中讲道："如果你勇于承担风险，有尊严地面对自己的命运，那么你做什么都不会贬低自己所做的事情；如果你不承担风险，那么你做什么都不会使自己伟大。"

许多事实证明，对自己充满自信，对未来不确定的事保持乐观态度，你才会去大胆地尝试，也才可能成功。即使没有成功，这种经历和磨炼、经验和教训，也是我们一生的宝贵财富。当然，信心和勇气毕竟只是一种自我激励的精神力量，要取得事业的成功，还需要坚持不懈的努力、团队的合作与他人的帮助，等等。

第四章

人际穿行——细节改变生活

幸福的获得，在极大程度上是由于消除了对自我的过分关注。

——（英）罗素《幸福之路》

1. 正确对待他人的看法

人生活在社会之中，必然会受到他人的影响，也会影响他人，所谓"近朱者赤，近墨者黑"就是这个道理。一般来说，他人对我们的影响主要包括三种情况：一是他人的行为或者某件事情的具体做法产生的影响，比如英雄模范人物的先进事迹对我们的感染；二是他人的思想或观点对我们的影响，比如别人讲的一句话使我们深受启发、茅塞顿开，或者我们读过的书中的情节及所传递出的作者的人生感悟对我们产生的启示；三是他人的看法或者态度的影响。使我们高兴或者令我们苦恼的最主要是第三种情况，也就是他人的评价或态度。这一点最常见，影响也最大。它可能使我们兴高采烈或者心情沮丧，甚至由此严重影响工作和生活。

叔本华认为，人与人命运的差别可以归结为三种原因：第一，人是什么，它包括健康、力量、美、气质、道德品格、理智以及教养；第二，人有什么，即财产与各种所有物；第三，一个人在他人的评价中处于什么地位。也就是说一个人在家人、朋友、同事及其他人眼中的形象如何，或者说他们看待他的目光是什么样的。他人眼中的看法或形象是通过对一个人的评价表现出来的，而这种评价又通过人们对他的敬意和他本人的声望体现出来。

我们为什么在意他人的看法？

亚当·斯密在《道德情操论》中说："我们在这个世界上辛苦劳作、来回奔波到底为了什么？所有这些贪婪和欲望，所有这些对财富、权力和名声的追求，其目的到底何在？难道是为了满足自然的需求？如果是这样，最底层的劳动者的收入也足以满足人的自然需求。那么人类的一切被称为'改善生存状况'的伟大目的的价值何在？被他人注意、被他人关怀，得到他人的同情、赞美和支持，这就是我们想要从一切行为中得到的价值。"人们之所以那么在意他人对自己的看法或态度，是由人的社会属性决定的。每个人都离不开社会，更离不开他人。没有一个人可以只为自己活着，不需要他人的任何帮助，不理会别人的一切看法。一个人是什么样的人，能够成为什么样的人，深受其一生所处的社会关系的影响。

在许多情况下，判断一个人的价值不是自己说了就算的，而是由社会决定的，具体地说就是由他人的评价决定的。这也是为什么人们都渴望得到尊重，对一些荣誉称号趋之若鹜。每一个人都有自我认识和价值判断的标准，比如有人认为自己待人非常诚实，一诺千金，不会欺骗任何人。但绝大部分人对自身价值的判断有一种与生俱来的不自信或者不确定，这主要源于人们的自我认识很大程度上取决于他人的看法，而这种看法在很多情况下具有差异性和不确定性。

《史记·刺客列传》中"士为知己者死，女为悦己者容"这句话大家都耳熟能详，意思是说有志之士愿意为理解、肯定、欣赏自己的人付出生命，女子愿意为赏识、喜欢自己的人精心打扮。《刺客列传》后面还有类似的一句话："众人遇我，我故众人报之。国士遇我，我故国士报之。"意思是把我当成普通人来对待的君主，我就以普通人的态度报答他；把我当成国士来对待的君主，我就以国士的态度来报答他。这些都说明了他人的看法、态度对一个人的思想、行为影响之大。

不被认可是一件令人痛苦的事

日常生活中我们常常有这样的体会：早上起来邻居小朋友微笑着问你声"叔叔好""阿姨好"；与很久以前偶然认识、不算熟悉的人在街上偶遇，对方热情打招呼，并叫出你的名字；同事上班的时候给你带来一个苹果；老板表扬你昨天写的文稿非常好，等等；这些都会使人心情愉悦。但以下情况却会带来另一种感

受，比如我们打电话的时候，对方长时间没有应答；兴致勃勃地发了一个朋友圈，却少有人点赞；给老板发了一个短信，对方迟迟没有回复；这些都可能使我们闷闷不乐甚至惴惴不安。

不被关注、不被认可是一件令人痛苦的事。阿兰·德波顿在《身份的焦虑》一书中写道："我们的自我感觉和自我认同完全受制于周围的人对我们的评价。如果我们讲出的笑话让他们开怀，我们就对自己逗笑的能力充满自信；如果我们受到他人的赞扬，我们就会对自己的优点开始留意。反之，如果我们进入一间屋子，人们甚至不屑于瞥上我们一眼，或者当我们告

诉他们我们的职业时，他们马上表现出不耐烦，我们很可能会对自己产生怀疑，觉得自己一无是处。"人们常说没有辛勤的付出不可能获得幸福，但是即使人们通过奋斗获得财富、获得成功，没有他人和社会的认可，也不会觉得幸福。

我身边就有这样一个事例：有一位朋友原来在某国企上班，收入不高，自己一直不满意，后来经营一家公司自己做老板，生意做得不错。但由于以前他各方面似乎都较为普通，许多朋友不了解他后来的情况，加之他平常大大咧咧，就不太相信他能够生意兴隆、事业成功。他为此十分苦恼，于是有一段时间就常常请朋友吃饭，给大家畅谈生意场上的春风得意。可见，他人的看法与态度对一些人的影响有多大，类似的事情在生活中还有很多。

威廉·詹姆斯在《心理学原理》中写到，"如果可行，对一个人最残忍的惩罚莫过于此：给他自由，让他在社会上逍游，却又视之如无物，完全不给他丝毫的关注。当他出现时，其他的人甚至都不愿稍稍侧身示意；当他讲话时，无人回应，也无人在意他的任何举止。"如果周围的每一个人见到我们时都视若无睹，根本就忽略我们的存在，要不了多久，我们心里就会充满愤怒，感觉到一种强烈而又莫名的绝望，相对于这种折磨，残酷的体罚将变成一种解脱。可见，不被关注、不被认可对一个人来讲是一件多么痛苦的事情。被关注，对人们虽有积极的作用，但有时也会有一些负面的影响。因此，我们有时不必过分在意他人的看法，只要做好自己该做的事情，通过努力使自己更加优秀，就是一个对社会有价值的人。

没有那么多人在意你

心理学研究表明，他人一般不会注意我们每天是高兴还是不高兴。我们内心所遭受的折磨，别人一般不太可能会注意到，即便是注意到了也很快就忘了。他人也不会像我们关注自己那样注意我们，他们更多关注的是自己的事情。心理学上将这种超出实际的感觉称为"焦点效应"和"透明度错觉"。现代社会，人们普遍压力增大，许多人都在为生计奔波忙碌，更何况"家家有本难念的经"，自己的事情都处理不过来，更不会在意你今天是否心情愉快、穿什么颜色的衣服、鞋带有没有系。

人们对人或事的态度，大致可分为三种：一种是肯定，一种是否定，还有一种就是中立或者无所谓。肯定的态度包括喜欢、赞许等，是每一个人都喜欢的态度。否定的态度包括轻视、鄙视、敌视、无视等，这些态度则会令人感到不快。无所谓的态度就是既不肯定，也谈不上否定，比如，对某个人既不讨厌也不喜欢。

对他人的态度，大部分人持有的是第三种。人生在世，千姿百态，不管做什么、怎么做，总有人喜欢我们，也会有人讨厌我们。人们不可能完全不在意别人如何看待自己的一言一行，尤其是对自身以及工作不认可和否定的态度，我们对此要有一个良好的心态。过分在意他人的态度可能会影响我们的情绪，导致我们无法遵循自己的内心，说自己想说的话、做自己想做的事，进而影响生活和工作。正如叔本华所讲："过于重视别人的意见和看法是十分常见的错误。这可能是一个根植于人类天性的错误，也可能是文明和社会发展的结果。但不论根源是什么，这个错误过度影响了我们的所作所为，损害了我们的幸福。顾忌别人会怎么说，时刻留意他人将要说什么，堪称是一种胆小奴性。"

不必过分在意他人的看法

过分在意他人的看法，有时会让我们无所适从。比如某个身体协调性不好的人，为了提高跳绳水平，每天在操场刻苦练习，当旁人路过时，往往更加不自然，甚至脸红紧张。其实根本就没有那么多人会驻足观看，即使有，也只是随便看看，根本就没有放在心上。所以很多时候所谓的紧张感、羞愧感以及自卑感往往都是自己强加的，与他人的态度和看法并没有直接关系。

有一个父子骑驴的故事，讲的是一对父子牵着一头毛驴赶路，父亲让儿子骑着毛驴，有个路人看见了，指责儿子不孝顺，自己骑毛驴，让父亲走路。于是儿子从驴背上下来，让父亲骑上。路人又指责说，这样的父亲太不像话，自己骑着毛驴，却让年少的儿子跟着他走。思来想去，父子俩商量后，一起骑上毛驴。结果路人又说这父子俩太残忍，也不怕把毛驴累趴下了。后来，父子俩只好一起跟在毛驴后面走。又有路人讥笑他们太傻，放着毛驴不骑。儿子困惑地看着父亲，父亲说："孩子，看来我们只有抬着毛驴赶路了。"

这个故事告诉我们，人不能完全活在别人的议论之中。如果自己没有主见和定力，过分在意他人的看法，处处被别人的言行所左右，就会无所适从，甚至什么事情都没法干。奥地利心理学家阿弗雷德·阿德勒说："你并不是为了满足他人的期待而活着，别人也不是为了满足你的期待而活着。"所以我们不必时时关注他人的眼光，不必过分在意他人的评价，也不需要一味寻求他人的认可，尽管去做自己认为对的事情，走自己认为最好的路。

别人的看法并非都正确

一个人对某件事的看法，有的是客观的，有的是片面的，有的甚至带有明显的偏见。由于接触时间短、不了解情况或者道听途说、搬弄是非等各种因素，他人的评价有时并不能真实反映客观事实和个人的本质。但是，如果许多人对我们都有相同或相近的负面评价，那我们就不能完全无视。如果只是极少数人的看法，就没有必要过分在意，更不应该让其左右我们的心情。应本着有则改之、无则加勉的态度，想想这些看法是不是符合实际，对方是不是存有善意。日本知名哲学家、心理学家岸见一郎认为，他人的评价无法决定我们的本质和价值，我们既不用因为被称为"讨厌的人"而失落，也不用因为被称为"好人"而兴高采烈。如果一味在意他人对自己的印象和看法，个人的行为自由就会受到限制，就会觉得比起自己想要做什么，被人认可才更重要，自己行为的决定权就落到了他人的手中。

我们是兴高采烈，还是情绪低落，表面上是受他人的态度或看法的影响，但实际上起作用的不是他人的态度，而是我们自己内心怎么样看待他人的态度或看法。我们无法做到完全不在意别人的看法，但是可以做到正确对待别人的看法，减少这些看法尤其是不合理、不准确、不全面、不公正的看法产生的消极影响。静坐常思自己过，闲谈莫论他人非。及时改正自己的错误，通过不断的努力成长进步，使自身更加强大，更加充实，更加自信。

只有内心足够强大，才不会因别人的看法影响自己的幸福。有人对强大内心是这样定义的："当你完全和自己保持联结并处于平和的状态时，任何人所说的话、所做的事都不会影响到你，没有负面的东西能触碰到你。"叔本华说："尽可能地减少自己对别人看法的过度敏感，绝对是明智之举，不管这种看法是满足我们的虚荣心还是会让我们感到痛苦。适时适度地将内在价值与自己对自己的看法和别人对自己的看法对比一下，对我们的幸福是大有益处的。"每个人都是自己人生的主宰，我们要时刻保持与自己内心的联结，而不必总在意他人的看法。要有勇气承担自己的人生责任，真诚对待他人，适度培养自己"被讨厌的勇气"。要在对他人和社会作出贡献的过程中，实现自己人生价值。当我们感受到自己对他人和社会的价值时，人际关系的烦恼自然就减少了，生活也会更加美好。

2. 如何了解一个人？

哲学家苏格拉底提出"认识你自己"。认识别人不易，正确地认识自己更难。正确认识自己，有助于提高自身修养，协调自我身心关系。然而如何认识他人也是我们常常会遇到的问题。是否了解一个人有时影响很大，比如进行了一段时间的恋爱，还要不要继续下去；还有，要不要把钱借给"他"；能否下决心把一项重大任务交给"他"等。

朋友们在一起聊天的时候，经常有人会问，"×××，这个人怎么样？"问这个问题的人有的是说闲话，有的是真想了解这个人的情况。生活中有时会出现这种现象，比如甲和乙两人是结识了十多年的朋友，一直关系不错，自认为互相都非常了解对方。突然乙做了一件事情，令甲非常生气，于是甲感慨"我怎么一直不知道他（乙）是这样的人。"还有一些闹离婚的夫妻，往往会抱怨，"这么多年我怎么从来没认清楚你"。另外，常有人苦恼，"有的人我们似乎永远琢磨不透"。

认清楚一个人很重要

怎样了解一个人呢？要了解一个人，第一需要接触，第二需要时间。我的体会是认识一个人一般需要2到3年的密切接触，比如同在一个办公室工作、在一个宿舍居住等。如果有的人没有机会密切接触，或者没有打过交道，要怎样了解他呢？这就需要通过观察和分析，观察他的日常言行，分析他的社会关系。马克思讲："人的本质不是单个人所固有的抽象物，在其现实性上，它是一切社会关系的总和"。因此要了解一个人，可以从他的社会关系入手，可以看他周围的人都是些什么样的人。如果一个人周围的人，尤其是跟他关系密切的人都是一些品德高尚的人，一般来说这个人也不会太差；如果一个人的朋友大都是些人品不好的人，这个人恐怕也好不到哪里去。

许多词语也可以说明这个问题。比如"物以类聚，人以群分""不是一家人，不进一家门""道不同，不相为谋""近朱者赤，近墨者黑"等。

了解一个人，还可以看他的家庭情况、社会经历、读书多少。比如一个人读书多少会对这个人的思维方式、性格特点、为人处事，甚至对他的一生产生很大影响。了解一个人，还可以看他的学习经历、工作单位。对于经常接触的人，观察他的言行举止可以帮助我们认识他。对于陌生人，有人认为快速了解一个人可以看看他的面相和表情，还可以观察他与人交谈时的眼神和下意识动作。比如有的人在跟人交谈时，不敢正视对方，眼神是游离的。这些与古人讲的相由心生的原理是一致的。

认识他人要听其言观其行

　　了解一个人，关键要看他的所作所为。这包括两种情况：第一，一起共事一段时间或者共同参与完成某个任务；第二，相互之间有过交往，共同经历过一些事情。比如一起出差、旅行等。这种情况下一般能有比较深入的交流，有助于了解一个人。

　　对于大部分人，我们其实没有机会了解他做事的风格，所以主要通过言谈举止来了解，也就是看他怎样说话。每个人都有自己说话的特点，通过说话的内容、方式，大致能判断出他是一个什么样的人。比如有的人说话嗓门高，有的人说话声音小；有的人说话语速很快，有的人说话慢慢吞吞；有的人说话有条有理，有的人说话逻辑混乱；有的人说话滔滔不绝，有的人说话言简意赅。通过上述说话的表现形式和内容，可以大致了解一个人的个性特点。

　　通过语言观察一个人要注意两点：第一，对初次接触或者不熟悉的人，通过说话了解其个性特点，要打个折扣。因为每个人在面对陌生人时都会比较谨慎，说话做事往往会表现得十分恭敬，等到彼此熟悉以后才会逐渐放松下来。当一个人说话不再那么小心翼翼时，他的个性特点才会不自觉地展示出来。第二，在一些正式场合的讲话，不能完全反映一个人的个性特点。因为这种情况下，人们往往做了较长时间的充分准备。第三，缺乏相互交流的讲话，不能完全反映一个人的个性特点。也就是一个人说其他人听，这种情况下没有语言的相互交流和思想的碰撞，很难反映出一个人的真实特点。第四，专业学术类的讲话不能反映一个人的个性特点。有的人业务精湛，聊起学术来侃侃而谈、思路清晰，但在日常生活和工作中，也许就不一样。有的人也许智商很高，但情商不够。在语言交流中，每一个人都会不知不觉暴露自己的内心想法。不论一个人怎么装扮自己，他的谈吐一定会在一定程度上反映内在素质和个性特征，而且越是无意识的谈吐，越能表现真实的自己。

不要轻易说你非常了解一个人

对一个人，如果没有深入接触和了解，就不宜妄加评判，更不要轻易给他人下好或坏、老实或不老实的结论。许多人都有这样的经历，与他人初次接触，就轻率地说某个人不怎么样，或者说某个人非常好，但时间长了往往会发现情况并不是原来所认为的那样。人们一般习惯用道德标准来评判他人，将人简单地分为好人或者坏人，负责任或者不负责任，聪明或者愚蠢等。其实这种对他人的评价暗含着我们的价值观以及需要，我们习惯于把与自己价值观不同的人看作是不道德的或者邪恶的，这种情况下对人的评价往往是不准确的或者有失偏颇。对他人的评价要有事实依据，尽量客观、公正、全面。因为即使那些我们以前认为粗鲁的人，深入了解后会发现他们也有善良和柔弱的一面。

3. 你信任别人吗?

生活就像一面镜子,你对它微笑它也会对你微笑。人与人之间的相处也一样:你真诚地对待他人,他人才会真诚地待你;你信任他人,他人才会信任你。即使偶然一两次好心被当作驴肝肺,也要坚信日久见人心。完全不识好歹的人有,但毕竟是极少数。生活中有些人对我们所谓的"恶意",其实在很多情况下是误会。人人都希望自己的周围充满信任、友善和真诚,谁也不愿意与势利小人长期为伍。

与人交往,信任是前提

有一段时间,我给办公室一位女同事打过几次电话,总是打不通,我心里纳闷是怎么回事,难道是她故意不接电话吗?因为没有特别紧急的事情,也就没有特意问她。后来有一次我遇见她,就提及了此事。她听了以后很平静,说让我看看手机,是不是把她的号码拉入黑名单了。我查看了一下手机通讯录,果然如此,不知道什么时候误操作,把她的手机号码加入了黑名单。这位同事告诉我,有一次她给家人打电话遇到了同样的情况。这件事启发我,遇事要往好处想,情况没有搞清楚之前,可以耐心等待、冷静分析、及时沟通，而不是相互猜忌。

不仅是个人之间，企业之间也是一样，要充分理解和信任你的客户，信任你的合作伙伴、信任消费者。缺乏信任不仅会影响我们个人的工作、生活，甚至也会影响到经济社会发展。诺贝尔经济学奖获得者、美国著名经济学家弗里德曼说："如果能彼此信任，我们可以走得远、走得快，但如果没有信任，走远、走快也就无从实现。"

绝大部分人都是善意的

有个小故事说，张三在山间小路上开车，正当他悠哉地欣赏美丽风景时，突然迎面开来的货车司机摇下窗户大喊一声："猪！"张三越想越气，摇下车窗大骂："你才是猪！"刚骂完，车子便迎头撞上一群过马路的猪。这个故事告诉我们，不要轻易、错误地曲解别人的好意，更不能以小人之心度君子之腹，那只会让自己吃亏，使别人受辱。在不明真相之前，我们一定要先学会按捺情绪，耐心观察后再作决定，以免后悔莫及。

心理学家阿德勒说，人的一切烦恼都源自人际关系。其实生活的喜悦和幸福也只能从人际关系中获得，不管你是想寻求欢乐，还是想避免烦恼，我们只能置身各种各样的人群之中。而与我们相处的各种各样的人之中，真正恶贯满盈的坏人不多，与你为敌的更少，许多伤害往往是由于误会而产生的。

应该相信，绝大部分人都是充满善意的。人们之间的伤害，尤其是语言的伤害，很多是无意的。许多人曾经被别人的言行伤害过，可能也曾经伤害过别人。当我们对他人不友好或者有防备之心，不打算与对方友好相处的时候，对方的所有言行似乎都不友好，但是当我们友善地看待对方，着手改善与他人之间的关系时，就会发现对方话语中同样包含着善意。

任何一段糟糕的关系，必有你的一份功劳

生活中有人对我们很客气，也有人对我们不友好，当然不友好的人并不多。对我们不友好的人，有的可能是因为我们曾经无意伤害过对方。还有的人表面看似不友好，实际上很多情况下并无恶意，大多是由于对方说话的语气、为人处事的方式我们接受不了或者仅仅可能是因为对方当时心情不好。有的人性格开朗、热情奔放，有的人表情严肃、面色冷峻但内心火热，其实他对所有人都是这样。对事情要多看积极的一面，接受不完美的他（她）和不完美的自己。

人的一生几乎时时处在各种各样的社会关系中，如同学关系、同事关系、朋友关系、家庭关系等。如何处理各种人际关系，关键是怎么样对待他人。我们是幸福还是痛苦，受人际关系的影响很大，别人的态度会影响我们的幸福感。有句话说得好：幸福并不取决于财富、权力和容貌，而是取决于你和周围人的相处。

在与人交往中，人们有时会感到愤怒、不公、委屈或者焦虑，一个重要的原因就是我们总认为这一切都是别人的错。《别人怎么对你都是你教的》这本书里有一段话："任何一段糟糕

的关系，必有你的一份功劳。每个人都是我们的镜子，我们在无意识中教会了别人如何对待自己，有的人教会别人如何尊重自己，有的人教会别人如何爱自己，有的人则教会别人如何伤害自己。"

记住别人的好，宽容别人的错

每个人都或多或少得到过别人的帮助，但有一种现象值得深思，就是有的人对我们有过九次好，但只要有一次不好，我们就耿耿于怀，前面的九次好就被全部抹杀。他人热心扶了你一把，也许你很快就忘记，不小心踩了你一脚，却会永记在心里。这是许多人常犯的错误，长此以往，帮我们的人就会越来越少。每一个人都要常怀感恩之心，当他人的所作所为怠慢或者伤害到我们的时候，要想想他曾经对我们的善意和帮助，哪怕是点滴的好处，都要默记在心。许多时候我们只想到对方的不足和曾经对自己的不好，而没有认识到自己或许也有过错。

樊登曾说："相对于爱，人们更愿意选择恨。因为恨比爱容易，操作简单而且责任不在我，甚至让我更有力量！但恨的结果就是相互对抗，两败俱伤。你内心的伤痛永远得不到疗愈的机会，一遇到风吹草动就会沉渣泛起、雷霆万钧。要选择爱，首先要过伤害这一关。明明遭遇过伤害，却要报之以琼瑶。这里需要的不仅仅是勇气，而是知识和智慧。理解了，才能接受。"如果始终记住别人令我们不满的地方，自己不会舒服，对方也能够感受到，互相看着都不顺眼，两人的关系就很难相处。

人无完人，对人宽容就是对己宽容；善待别人，就是善待自己。做到善待别人首先要善待离你最近的人，善待身边的每一个人，善待你的同事，善待你的同学，善待你的家人。比如单位的同事，不一定与我们志同道合，但是不可否认他们对我们的影响是长久的、直接的，也是最大的。他们的一言一行影响我们的心情、我们的生活、我们的事业。他们如果不好，我们也不会好到哪里去。

　　随着人均寿命不断提高，我们与家人相处的时间将比以往更多。所以，一定要善待自己的家人，不能因为熟悉而忽视他们的感受，过度消费家人对你的关心和爱护。高瓴资本创始人兼首席执行官张磊有段话讲得很好："与对自己亲近的人相比，一个人的行为常常在单位里表现得更加得体和理智，大家都认为，家里人应当比他们的同事更能容忍他们的无理举止。当然我们都需要一个能让我们放松和平心静气的地方，而家庭就是这样的天堂，但那并不能成为你对你所爱的人发泄你最糟糕情绪的借口。"

不轻易指责他人

　　人们常常较多地考虑自身的利益，不易容忍别人对自己的怠慢。比如人们常常会因为自己没有受到重视或者利益受损就轻率地指责他人，对他人做出不友好的评价。其实很多情况下别人之所以那样做，往往事出有因，我们只看到了事情的结果，而不知道事情发生的背景。比如早上起来你碰到一位同事，向他热情地打招呼，但对方却很冷淡，你心里就会嘀咕，是不是他对自己有什么意见啊，这个人怎么能这样，事后才知道他刚与妻子发生过激烈的争吵。

别人的生活每天都发生了什么，正在经历着怎样的波折和磨难，站在我们的立场很难知晓，更不易理解，就像别人不了解我们的生活一样，大家看到的往往只是表象而已。我们不能体会别人的喜怒哀乐，也无法去真正体谅别人的酸甜苦辣，在不了解情况的时候，对人对事不要轻易下结论，更不要轻易去指责或评论别人。

有一位医生在休假期间突然接到医院的电话，说需要他给一个男孩做一个紧急的手术。他以最快的速度赶到医院，很快换上手术服。男孩的父亲失控地喊道："你怎么这么晚才来？你难道不知道我儿子正处在危险中吗？你怎么一点责任心都没有！"医生淡然地笑着说："很抱歉，刚刚我不在医院，接到电话就马上赶来了，您冷静一下。""冷静？如果手术室里躺着的是你的儿子，你能冷静吗？如果现在你的儿子死了，你会怎么样？"男孩的父亲愤怒地说。医生淡然地回答："我会默诵：'我们从尘土中来，也都归于尘土。'请为你的儿子祈祷吧！"男孩的父亲愤愤地说："当一个人对别人的生死漠不关心时，才会这样说。"

几个小时后，手术顺利完成，医生从手术室走出来，对男孩的父亲说："请放心，手术很成功，你的儿子得救了！"还没有等到男孩的父亲答话，他便匆匆离去。"他怎么如此傲慢？连我问问儿子的情况这几分钟的时间都等不了吗？"男孩的父亲愤愤不平地对护士说道。护士说："他的儿子昨天在交通事故中身亡了，我们叫他来为你儿子做手术的时候，他正在去殡仪馆的路上。现在，他救活了你的儿子，要赶去参加他儿子的葬礼。"男孩的父亲听完之后愣在那里。

由于每个人所处的环境和认知水平不同，看问题的角度也不一样，有时对同一个问题人们很难了解对方的处境和感受，更不要说与他人感同身受。所以在不了解情况的时候，我们对他人应该多一份宽容，多一份理解，多一份信任，不要盲目地评价或者轻易地指责，要学会换位思考。就像亚当·斯密所说的："用我们的视觉去判断别人的视觉，用我们的听觉去判断别人的听觉，用我们的理智去判断别人的理智，用我们的愤恨去判断别人的愤恨，用我们的仁爱去判断别人的仁爱。"

4. 你对他人有偏见吗？

有这么一道智力测验题：在马路上，一位公安局局长正跟一位老人聊天。突然跑过来一个小孩急冲冲地对公安局局长说："你爸爸和我爸爸吵起来了！"老人问："这孩子是你什么人？"公安局局长说："是我儿子。"那么请问：这两个吵架的人和公安局局长是什么关系？结果100人中大概只有两个人完全答对。这是为什么呢？真相非常简单，其实公安局局长是女的，吵架的两个人一个是局长的丈夫，即孩子的爸爸；一个是局长的爸爸，即孩子的外公。为什么那么多人答错呢？因为人们想当然地认为公安局局长一般都是男的。而谁说公安局局长就一定非得是男人呢？心理学上对此有一个专门的定义叫"刻板效应"，指的是有时候人们会对某个群体产生一种固定的看法和评价，而不考虑其具体情境和个体差异，从而影响正确的判断，甚至形成偏见。人们经常抱怨他人对我们有偏见，实际上我们对人和事物的看法也经常抱有偏见。比如，许多人认为理科就应该和男性联系在一起，文科应该和女性联系在一起，而他们都没有意识到这是一种偏见。

为什么会有偏见？

偏见来自哪里，又是如何顽固地作用于我们的生活和工作呢？产生偏见的主要原因是个人认识上的问题。第一，是受惯性思维的影响，比如过分夸大第一印象，一瞥惊鸿或者一叶障目。另外类似于"三岁看大，七岁看老"之类的俗语也多少助长了偏见的蔓延。第二，与个人认知的局限性有很大关系。这其中的因素就多了，比如地域来源、学历教育、成长经历、家庭背景、性别差异。第三，思考问题不够理性，导致说话做事轻率随意。对事物没有作全面客观分析，没有认真调查，就急于下结论。

以偏概全

偏见有一种表现是以偏概全，就是以有限的依据为基础，对某人或某件事物得出消极的结论。许多人仅凭一次经历，就用"总是""从来不""每个人"这样的词汇来思考问题。当我们对一个人心存偏见时，他的任何行为都会被"符号化"甚至"妖魔化"。人们的认识经常是片面的。比如你到某个城市出差，乘坐出租车时司机故意绕路，让你多花了钱还耽误了时间。你是不是会说，这个城市的出租车司机素质太差。再比如某单位先后从某大学招聘了两名毕业生，两个人在单位都表现平平，于是有人就说，这个学校水平不怎么样，培养的学生能力太差。一所大学每年要培养好几千学生，而仅凭一两名学生的表现就对这所大学的整体培养水平下结论，显然不够客观公正。正如原新东方名师李笑来讲的："人们常常把自己的感受当成全世界的感受，把自己的观察当成全世界的观察，把自己的看法当成全世界的看法，一切都从自己出发，全然不知别人和别人所处的世界有可能与自己和自己所处的世界不同——方方面面都可能有很大的不同。"人们不仅对别人的看法容易以偏概全，有时候看待自己的缺点和错误时也会犯以偏概全的错误。比如一时糊涂，做了一件不该做的事情，我们心里会告诉自己："那件事做的真愚蠢""我怎么犯了那么大一个错误""我做事太失败了"。

贴标签

偏见的另外一种表现在心理学上被称为"贴标签"。就是人们对某个人或者某件事情产生一种固有的看法。贴标签不仅包括给别人贴标签，也包括给自己贴标签。比如"大家都觉得我做事情慢""我总是把事情搞砸""10 年过去了，我却一事无成"，就是给自己贴标签。这种给自己贴标签的论断实际上是一种自我挫败，片面夸大自己的不足，使自己做事缺乏信心。贴标签会导致对他人的成见和思考的懒惰，是片面的或者错误的，因为它忽视了这样的一个事实：人是一种复杂的动物，有着自己丰富的性格和行为，不能仅凭一两个方面、一两件事情就下定论。

给别人贴标签的做法更不合理。因为这往往是仅凭一两件事或者一两个特点去概括这个人的品质，以致经常偏离事实真相或者认识不全面。这并不是说我们永远不应判断别人的语言和行为，正如我们要经常反思、检查自己一样，可以认为别人的某种做法自私、愚蠢、不公平或者不道德，但是我们要清楚一个人的这些行为并不能代表这个人的全部。

贴标签，除了否定的标签，也有肯定的标签。比如"这个孩子很有艺术天赋""小王的数学特别好""小张人很老实"，等等。大家都知道给自己或他人贴上否定的标签会造成不好的结果，实际上肯定的标签也有危害。比如当孩子某件事情完成得比较好时，我们对他的能力进行赞扬："你真聪明，你太有才了"。这种对能力的夸奖会让孩子忽视努力在一个人成长中的作用，可能导致孩子不愿意面对具有挑战性、创新性的任务，不想做一些可能暴露自己缺点的事情，以避免别人对他的才能提出质疑。因为他会错误地认为，如果成功意味着他很聪明，失败则意味着他很愚蠢。

如果我们对他付出的努力进行赞扬："你这件事做得非常好，你一定非常努力。"孩子就不会认为自己拥有特别的天赋，而会觉得自己受到的赞扬是因为付出努力而获得的。所以不要轻易给别人贴上肯定或者是否定的标签。当你不幸被贴上否定的标签时，你会害怕自己正如标签所说；而当你被贴上肯定的标签时，你会害怕失去它。一位同事的孩子学习成绩不好，她经常训斥孩子："你真蠢！""你真笨，你什么都做不好"。孩子后来连高中也没有考上。也许她的孩子确实没别的孩子聪明，但可能并没有父母想象的那么笨。如果不打击孩子的自信心，多肯定和表扬他的努力，哪怕是一点点的进步，孩子也会表现得更好。

如何克服偏见？

　　减少对他人的偏见，首先，要承认人和人之间有差异，自己也并非十全十美。所以，对待人和事，只要不是原则性问题，应该坚持尊重差异、包容多样。其次，坚持读书和实践，增加阅历，提高自己的修养。坚持"吾日三省吾身"，认识到"偏信则暗，兼听则明""不因人而废言，也不因言而废人"，不把人一棍子打死；多用发展和辩证的眼光来看待万事万物，相信只有变化是永恒的不变之道；不断更新对人和事的认识，重视实践和时间的作用，用更大的空间和更长的时间来认识自己，认识周围的人和事。最后，遇事要多了解、多调查。没有认真全面地作调查，不了解情况，就不要轻易下绝对的结论。平等地对待他人，尊重他人，客观、全面、善意地评价他人。不固守己见，不墨守成规，慢慢地我们就会豁然开朗，就会发现原来坏人没有我们想象得那么十恶不赦，好人也并没有想象得那么完美。不带偏见地去看待人和事物，于他人是公平、善良，于自己也是一种修养和提升。

5. 你给别人点赞吗？

在微信上，人们使用较为频繁的三个功能分别是微信群、公众号以及朋友圈。这两年，存在一个普遍现象：我们的微信好友越来越多，朋友圈的动态或分享却越来越少，"用心"点赞的人更少。

虽说叫朋友圈，但朋友圈里真正联系密切的朋友并不多，朋友圈这个组织似乎越来越松散。对于上班族而言，微信逐渐成为一种工作沟通方式，其生活和娱乐功能越来越弱。许多人每隔几分钟就要看一下工作群里有没有什么信息，领导有没有什么指示，唯恐回复晚了显得自己不积极。

领导收到的点赞多于员工

以前的朋友圈虽然不大，但朋友之间的互动和回应比较频繁。微信上互动和回应的主要方式，除了评论就是点赞。现在朋友圈大了，当工作越来越取代生活和娱乐，人们也变得越来越"吝啬"，许多人既不愿意分享，也不愿意点赞，时间长了我们常常忘记自己朋友圈里都有哪些人。如果不去搜索一下，有时候甚至记不清楚有的人是不是在自己的好友列表当中。只有当他偶尔给你点赞的时候，你才想起还有这个朋友。有这样一个现象，同一个单位的同事，在朋友圈分享同样的内容，有的人收到的点赞多，而有的人却比较少。出现这种情况的主要原因是分享人的影响力或者职务上的差异。一般来说，领导收到的点赞比普通员工收到的点赞多。

什么情况下会获得更多点赞？

使用微信时，除了可以给朋友圈里好友发的动态点赞，还有一个功能就是在"微信运动"步行排行榜里给好友点赞。我的微信朋友圈启用微信运动的有 300 多个好友。也就是说我每天在运动排行榜里可以看到 300 多个好友的运动情况。我一般会给 1 万步以上的好友点赞。同一个人，什么情况下会被点赞更多呢？有一段时间，我观察了微信运动排行榜的两种点赞情况：一种情况是当我不给任何人点赞的时候，有多少人给我点赞；第二种情况是我主动给好友运动点赞的时候，会有多少人给我点赞。在不下雨的时候，我的朋友圈好友每天步行 1 万步以上的大约有 100 人左右，在第一种情况下，也就是我不给任何好友点赞时，有多少人主动为我点赞呢？我发现，当运动步数比较少，比如只有几百步或者一两千步的时候，一般没有人点赞，即使我给他们点赞，也很少有人给我点赞；当每天运动 5000 步以上时，会有个别好友主动给我点赞；当我运动 1 万步以上的时候，会有 30 个左右的好友主动为我点赞；当我运动步数达到 2 万步以上的时候，会有 40 个左右的好友主动给我点赞。在第二种情况下，也就是我主动给步行排行榜1万步以上的好友点赞，这时候我发现，当我的运动步数达1万步左右的时候，会有50个左右的人给我点赞；当我运动步数达2万步以上的时候，会有70个左右的人给我点赞。

由此可以看出，一般情况下，要想得到别人的点赞，有两个条件：第一，你必须足够优秀；第二，你要经常给别人点赞。而且随着你越来越优秀，地位越来越高，给你点赞的人也就越来越多。在这种情况下，即使你不给别人点赞，也会有许多人给你点赞。当然，不管你多么优秀，即使你天天给某些人点赞，总有人不给你点赞。

被点赞是令人愉悦的事情

无论男女老少，无论从事什么职业，大多数人都有这样的体验：每次当我们在朋友圈分享动态后，潜意识中是希望得到更多人的认可，也会不时去看看有多少人为自己点赞。如果看到下面密密麻麻一大片好友点赞或者回应，内心常常会有一种说不出的喜悦，如果点赞者寥寥无几，就会有一种莫名的失落感。当人们做了一件事，说了一段话，内心一般都希望得到别人的肯定和回应，这是人之常情，因为大多数人都会在意他人对自己的看法。就像作者写了一篇文章，总希望有许多人阅读和欣赏。

朋友圈的一个点赞，有时对一些人而言就是一股力量、一种鼓励。虽然不需要见面也不需要聊天，但是通过点赞，确确实实可以感受到别人对自己的在意和重视。它会鼓励人们继续分享对朋友有益的内容，比如一篇好的文章或者一本好书，包括一些令人警醒的案例。我的一位在检察院工作的同学曾在朋友圈分享了一篇文章《一个性教育工作者的自白》，同时附上自己的感言："上周一下子收到三个性侵女童的猥亵儿童案，感觉此类案件近年来备受关注。跟同事讨论原因，大家认为此类案件一直都有，只是过去人们常常选择沉默……"，还有一位朋友分享了《三联生活周刊》的一篇文章《不再沉默 直面儿童性侵》。这类文章受到了很多家长尤其是女孩子家长的关注和点赞，有的家长看了以后说，一定要加强对孩子的教育和保护。

无论怎样，我们都应该感谢给你点赞的人，不管点赞表达的意思是"已阅"还是"喜欢"，或者只是看了一下标题，但它能给人们带来实实在在的愉悦，谁又不渴望别人的肯定呢？点赞行为不仅有助于拉近好友之间的关系，而且还可以让分享者获得存在感和满足感，它能让分享者知道自己分享的内容对朋友有价值，产生了影响，也让自己更有成就感。

对点赞要有良好的心态

对朋友圈点赞的行为，我们要有一个良好的心态。点赞多并不意味着你备受关注，集万千宠爱于一身。点赞少也不意味着你就无人理睬，没有价值。许多事情往往阴差阳错，有时候你发了一个动态，本来是给"她"看的，却被"他"点了赞。点赞只是表达礼貌或赞许的一种方式，有时也不能完全反映点赞者的真实想法。

点赞或者不点赞，受很多因素的影响。许多人平时工作繁忙，有时候没点赞，仅仅是因为那一天没有看朋友圈，也有许多人压根没有把点赞当作一件多么重要的事情，从来不给任何人点赞。当你在朋友圈分享了一篇好文，给你点赞的不见得对你没有意见，没点赞的也不见得没有认真看。有一次一位理工科教授对我说我在朋友圈分享的几篇文章非常好，他都认真看了，深受启发，但他从不点赞，我听了之后也同样很高兴。

　　就像一位网友说的，"三千点赞之交，不如知己一二。真正的感情是处出来的，点赞之类的媒体社交多少都隔着屏幕这层隔阂，听不出言语声调，看不到喜怒哀乐。点赞之交太过随意，今天可以随手点个赞，明天也可以反手一个取消。"但是，不可否认，点赞收获的成就感能够转化成工作和生活中的动力，但是如果刻意追求这种虚拟的收获感，沉浸在被点赞的短暂喜悦之中，还不如刻苦学习、努力奋斗，去创造实实在在的精彩人生，赢得真真正正的知心朋友。

　　我们不必过于在乎朋友是不是给我们点赞，但要提倡对热心人的热心行为多点赞，对于热心好友发的一些健康有益的分享、对朋友及家人友善的提醒，如果不忙，就点个赞。当有一天我们能做到跳出种种复杂的想法，认真做好自己，多一些善意、多一些分享，简单地看待点赞，多为他人点赞、多为普通人点赞、多为善举点赞、多一些非功利性的点赞，将你与我、他与她的赞与不赞都转化为正能量时，点赞于我们而言也就上升到了一种全新的境界。

6. 婚姻怎样才能更和谐？

我参加过不少婚礼，有时也应新人的邀请在婚礼上致辞。结婚是件喜庆的事情，一般都要说一些祝福的话，同时我也常常告诉新人，结婚后应该注意哪些问题，怎么做才能使婚姻更长久。"执子之手，与子偕老"，是人们对婚姻的美好期望，但一个不可否认的事实是，近年来我国的离婚率居高不下，甚至有不断攀升之势。从居安思危的角度讲，是不是也应该防微杜渐，给婚姻打好预防针呢？

平等相处

婚姻生活是复杂的，每一个家庭有各自的情况和特点。托尔斯泰说："幸福的家庭都是相似的，不幸的家庭各有各的不幸。"这句话的意思是一个幸福的家庭所具备的要素一个都不能少，所以幸福的家庭都是相似的。而当这些要素中如果少了任何一个，都会导致不幸福，因此，不幸的家庭会有各自不同的原因和表现。当然，任何事情都有共性，婚姻也不例外。两个人结婚以后，若想和谐、快乐、长久地相处，关键是夫妻双方要互相平等对待，让一方在内心能真实地感觉到自己是被对方平等对待的。只有在平等的关系中，人们才会感觉到舒服。

心理学家阿德勒认为，当一个人感觉到与对方在一起可以无拘无束的时候，才能够体会到爱。也就是既没有自卑感，也无须炫耀优越性。能够保持一种平静自然的状态，这是真正的爱应该有的样子。如果一方总觉得高人一等或者想支配对方，在这种关系中，另一方就不可能保持一种自然的状态，他的许多行为可能不是出自真实的意愿，也就不再是爱了。平等相待是婚姻幸福的基础，不平等的婚姻往往会以失败告终。

尺有所短，寸有所长

男女双方结合在一起生活，不应该有一方吃亏另一方占便宜之说。但在日常生活中，却有这样的现象：某女士常常抱怨，自己嫁给丈夫吃大亏了，或者某男士觉得娶了妻子委屈了自己，他本来可以找个更好的。男女双方当初相互选择的时候，是你情我愿，否则也不会走在一起。后来之所以有吃亏或占便宜之说，可能是因为一方对另一方渐生不满或者心态发生了变化。

有人说，婚姻的难处在于，我们是和对方的优点谈恋爱，却要和他的全部（包括缺点）生活在一起。人们时常戏谑地说一些夫妻之间不相配，比如张三嫁给李四是一朵鲜花插在牛粪上，王五怎么找了个这么差劲的媳妇，他们两个人看着一点都不搭。其实外人看到的往往只是表面现象，尺有所短，寸有所长。外人容易看到一个人的不足，却不知道他的长处。一个男的个子不高，也可能事业有成，女的相貌一般，也许温柔体贴、持家有方。

如果不与一个人长期相处，很难了解对方的情况，鞋子合不合脚，只有自己知道。如果一方始终认为找对方自己吃亏了，即使语言没有明确表达出来，对方也能感受到，这种婚姻也很难和谐。

把对方当平常人看待

与人相处时，我们常常犯这样一个错误：因为过多关注对方的身份、年龄、职务以及性别等方面的因素，而忽视了人性的一些基本特征。任何人不管年龄大小、职务高低、财富多寡，在人性方面都有一些共同的特点，比如趋利避害、喜欢听到赞美的声音、渴望得到他人的尊重等。

可是，在婚姻生活中，经常有这样的现象：因为熟悉，有的夫妻双方说话时毫无顾忌，争吵时口无遮拦，甚至恶语相向。试想一下，对待同事、朋友，甚至是陌生人，我们会这样吗？就像卡耐基说的，"无理、粗暴会摧毁爱情的果实，这情形我相信谁都知道，可是我们对待一位客人，总是比对待自己家里人有礼貌得多，这是很明显的。"所以，在婚后相处的过程中，夫妻双方要把对方当作一个平常人看待。既然他是一个平常人，就会有平常人的喜怒哀乐，就会有平常人的所思所想。

在人的共性之外，还要考虑人与人之间的差异，这就是矛盾的普遍性和特殊性。那么，夫妻双方如何看待对方与自己的差异呢？我想，在日常相处过程中，可以按照这样一个顺序思考问题：首先，明确对方是一个平常人，有平常人的共性；其次，考虑男女性别之间的差异；最后，考虑对方的家庭出身、文化程度、职务高低、工作性质等方面的因素。在这个基础上，夫妻双方就容易做到相互理解了。

学会包容

来自不同家庭的两个人，因成长环境、性格特点、生活习惯、待人处事等方面都存在差异，结婚后却要朝夕相处，就难免会有磕磕绊绊。有人说，爱情可以是一时心动，但婚姻一定要三观相合。男女在恋爱期间，为了获得对方的认可，一般会掩饰自己的不足或者改变自己的一些习惯以迎合对方。但是"江山易改，本性难移"，许多人的改变只是一时的，个人价值观"常态化"后所暴露出的问题，慢慢会使对方无所适从。当然，我们应该认识到，每一个人既有不足，也有优点值得对方学习。夫妻双方要正确看待彼此间的差异，互相包容，多进行自我批评，多看对方的优点，努力改变自己的不足。大多数幸福的夫妻往往能互相学习，因为有了相互学习和模仿，才有了人们常说的夫妻相。

关于包容，有几个问题值得我们思考。什么是包容，为什么要包容，你愿意长期包容一个人吗？包容一词指容纳或者宽容大度，出自《汉书·五行志下》："上不宽大包容臣下，则不能居圣位。"包容一般意味着我们内心对所包容的对象或者事物不理解、不赞同，甚至反对。因此长期包容一个人是一件不情愿甚至很痛苦的事情，或者说至少不是一件愉快的事情。

包容他人的时候，虽然内心不愿意，但不会面露不悦，甚至还要装出赞许的神情。有一位女性朋友，经常向同事、朋友炫耀她的丈夫对她极好，处处包容她。她做任何事情，甚至是胡搅蛮缠、无理取闹，丈夫都毫无怨言。我问她："你愿意你的儿子将来找一个像你这样的儿媳妇吗？"她不说话了。所以，不管是婚姻生活还是与同事、朋友相处，要学会包容对方，但同时也别忘了尽量避免或者少做需要别人包容的事情，毕竟被他人长期包容不是一件值得夸耀的事情。

别太看重自己

不看重自己，并不是要在另一方面前自轻自贱、低三下四，而是说在婚姻生活中夫妻双方平等相待，相互尊重。在现实生活中，说出那些刻薄、侮辱、伤感情的话的人，往往是自己的家人。家庭要和谐，关键是夫妻双方要彼此尊重，彼此适当抬高对方。有个陕西方言说唱节目《爱娃不如爱老汉》里面有几句话说得很形象："你把老汉往高得看，老汉屁股撅着使劲干。你在家里要会服软，男人才有机会挑重担。只要把日子能过到前，门一关谁低头也看不见。"人们的情绪不好，往往是因为太看重自己。

英国著名哲学家罗素说过："幸福的获得，在极大程度上是由于消除了对自我的过分关注。"尤其当物质生活水平提高之后，人们更渴望得到精神上的慰藉和人格上的尊重。夫妻双方想要避免矛盾和冲突，一定要以礼相待，尊重对方的感受。令人遗憾的是，在实际生活中，人们经常忘了这一点。

婚姻生活不是竞争关系，不要凡事都想争个高下、抢个风头、比个高低，或者显示谁更聪明、谁更能干、谁更招人喜欢。更不要有在家庭生活中树立自己权威的想法。莎士比亚曾经说过："不如意的婚姻好比是座地狱，一辈子鸡争鹅斗，不得安生，相反的，选到一个称心如意的配偶，就能百年谐和，幸福无穷。"婚姻生活更像是一种合作关系。要想在爱情和婚姻中获得幸福，必须摆脱自我中心式的生活方式，把人生的主语由"我"变为"我们"。夫妻之间交流时，常用"我们"而不是"我"。

婚姻需要夫妻双方苦心经营与浇灌。如果有一方不懂得合作，表现得自私自利，或者总是想着束缚或者强迫对方，那么这种亲密关系就很难持续，更不要说幸福美满了。正如著名心理学家阿德勒所说："合作和爱不可能通过暴力获取，暴力留下的是永久的心疤，在家庭里权威根本没必要存在，如果其中一位家庭成员尤为突出或者备受重视，这也是一种不幸。"

曾经有一位父亲告诉我，他女儿谈恋爱的时候，非常不尊重对方，对男朋友说话很不客气，经常对男朋友劈头盖脸一顿训斥，他作为父亲，都看不惯。虽然后来他们结婚了，但时间不长就离婚了。尽管我不知道离婚的真正原因，但可以肯定的一点是，离婚和他们的相处方式有关。著名影视演员陈道明与妻子杜宪结婚时，一无学历、二无名气、三无社会地位，而杜宪当时是新闻联播节目主持人。在外人看来，两人当时差距很大，而杜宪却没当回事。婚后陈道明每天都忙着拍戏，杜宪毅然决然回归家庭，照顾女儿、操持家务。正是因为背后有这么一位贤妻，陈道明才能全身心投入到他挚爱的演艺事业当中。用陈道明的话说："好的婚姻一定是共修的"。他和杜宪都没把自己当回事，妻子退了一步，才能更好地支持丈夫、照顾家庭；丈夫退一步，夫妻二人才能迎来家庭、事业的双丰收。

关注对方讨厌什么

婚前人们一般会关注对方喜欢什么，而婚后要多关注对方讨厌什么。婚前尤其是刚开始恋爱的时候，人们往往更多地关注对方喜欢什么，比如对方喜欢的颜色、喜欢的食物等。另一方会想尽办法讨好、迎合对方，甚至为了让对方高兴而委屈自己或者改变自己的习惯。结婚后，如果还能记住对方喜欢什么，做事情的时候还能考虑对方的感受，这当然是一件非常好的事情。但结婚时间长了，有的人就会慢慢忽略了对方的喜好，这一点可以理解，因为婚姻生活毕竟不是恋爱，经过柴米油盐的洗礼，许多方面会归于平淡。两个人要长期生活下去，如果还要挖空心思琢磨对方喜欢什么，那是很累的。

婚后更应该关注对方讨厌什么。而问题是许多人始终不知道对方讨厌什么，或者即使知道也不打算改变自己，经常做让对方不愉快的事情，这样就很容易发生争吵。要和谐地生活，从结婚那天开始夫妻双方就要注意观察对方讨厌什么。比如有的人讨厌不洗脚，有的人讨厌家里凌乱，有的人讨厌浪费。对方讨厌的事情，如果不是勉为其难，我们就要尽量改变自己，少做令对方讨厌的事情，努力做一个不让对方讨厌的人。

反思自己哪些地方做得不好

恋爱时，人们常挖空心思，想着自己怎样努力做得更好，才能给对方留下好的印象，这一点婚后应该继续坚持。然而婚后生活的关键是要经常反思自己哪些地方做得不好，而不宜过分夸大自己对家庭的贡献或者对对方及其家人做得好的地方。许多家庭常会出现这样的镜头：当夫妻双方产生矛盾时，妻子会高声说："我整天洗衣做饭，对你那么好，你还想怎样？"丈夫也毫不让步，"我辛辛苦苦在外面挣钱养家，你还有什么不满意的？"如果双方不是一味地互相抱怨、居功自傲，而是想一想自己在哪些方面做得不好，常问问对方，对自己的做法有什么不满意的，恐怕就很难吵起来。比如在饭桌上，妻子经常会问丈夫或者孩子："我做的菜好吃不好吃啊？"如果换一种说法问家人："我今天做的菜有没有需要改进的地方？"对方听了以后感受可能完全不一样。当然，任何一个家庭成员，对多做家务的一方、经常做饭的一方、付出比较多的一方要多肯定、多鼓励、少抱怨。

增进交流

2020 年 4 月，社会上出现了一个值得深思的现象。当时，随着新冠肺炎疫情逐渐得到控制，社会秩序逐步恢复正常。在家憋得太久，人们原以为会迎来"报复性消费"，如报复性吃火锅、报复性撸串、报复性喝奶茶、报复性逛街等。但是让许多人大跌眼镜的是，许多城市首先迎来了"报复性离婚"。大批想要办理离婚手续的夫妇把婚姻登记机构围了个水泄不通。

离婚的原因很多，但是其中一个原因是许多人都没有想到的：一家人连续几十天待在家里，本来有更多的时间相互陪伴、沟通、交流，结果许多人还是很少说话，夫妻各自抱着手机或者盯着电视。有的夫妻彼此就像两条平行线，没有任何交汇和互动。有的妻子说，丈夫以前在家里跟她不怎么说话，以为只是工作忙，没想到真的是跟她"没得聊"。

男女双方谈恋爱的时候从陌生到熟悉，主要是通过相互的沟通交流，也就是经常谈话聊天，要不怎么叫谈恋爱呢？结婚以后很多人以为进了保险箱，觉得熟悉了，有些话就没有必要说了，慢慢地，双方就又重新变成了陌生人。有人说，婚姻不怕落进柴米油盐，怕的是落进去却一点声音都没有！

要想使婚姻保鲜，就要投入时间认真经营。多说话、多做事、多沟通、多交流，千万不能因为熟视而无睹。每个人都恐惧孤独，不仅仅是老年人；每个人都渴望被重视，不仅仅是单身汉。有人说，比孤独终老更可怕的，是找了个让你感到孤独的人一起终老。所以结婚以后要继续发扬恋爱时的优良传统，一起逛逛街、聊聊天、散散步、吐吐槽。夫妻之间只有相互包容、互相学习、一起成长，家庭生活才能幸福、长久。

7. 你尊重孩子吗？

在成年人的世界里，大家都知道相互尊重是一件很重要的事情。但是在对待未成年人的时候，人们却容易忽视这一点。比如老师对待学生、家长对待孩子时，由于双方的身份差异，容易忽视对方的感受。谈到教育孩子，许多家长都有苦恼的地方。尤其是孩子上学之后，家长的压力和烦恼往往会与日俱增。有的家长吐槽："不谈学习，搂搂抱抱，母慈子孝；一谈学习，剑拔弩张，鸡飞狗跳。""有一种痛叫作孩子放学！""最怕辅导孩子写作业！"许多人没有意识到，很少有一个职业像做父母，可以不经过培训，没有任何经验就可以上岗。包括一些受教育程度很高甚至从事教师职业的父母，教育自己孩子的方式方法有时也欠妥。孩子长大后身上暴露出的一些问题，会折射出父母曾经的教育观念和教育方式，许多父母因当年对待孩子的一些不合适的做法而后悔不已。

不要总是把孩子当孩子

许多父母愿意为孩子的成长和成功做任何事情，甚至付出一切，但他们的态度、行为和效果，往往事与愿违。在对待孩子的态度上，有的家长认为孩子年龄小，什么都不懂，因而高估自己的判断能力，低估孩子的认知水平。有的父母不能把孩子当一个平等的主体，与孩子相处时容易居高临下，对孩子的意见不够尊重，甚至不信任孩子。电视剧《唐人街探案》里，明川法医与李兰的女儿李颖有一段对话。李颖说："你们是不是都觉得我是个小孩？"明川说："你害怕别人把你当小孩吗？"李颖说："也不是，我就是在想，我要是个大人的话，我说的话你们就不会不相信了。"

2020 年 5 月下旬，我曾经在单位资料室给同事做了一场报告，内容主要是围绕做人、做事和提高工作水平。当时全市中小学和幼儿园由于新冠肺炎疫情影响还没有复学，一位女同事便每天带着女儿来上班。这个孩子给大家的印象是秀气、文静，说话不多。因为我们的办公室在九楼，同事担心留下孩子一个人不安全，所以听报告时，就带上了她，让她在资料室的电脑桌旁写作业。但小姑娘没有写作业，一直在专注地听我讲。当我说"今天的内容就讲到这，谢谢大家！"话音刚落，孩子拍着手说："讲得真好！"当时我们在场的每一个人都感到非常惊讶，大家不知道她听懂了什么，但她显然听懂了什么。这个小姑娘刚满 6 岁，才上幼儿园大班。

许多动物生下来不久就会行走甚至奔跑，心理和身体的成长速度一般都保持一致，而人类恐怕是唯一一种身体发育比心理成长慢一步的生物，孩子们往往心理先成长，身体发育却相对滞后。许多父母恰恰没有意识到这一点，一般只关注孩子身体健康，却忽视了孩子的心理成长，因而低估了孩子的认识水平，把他们"当孩子对待"。我们经常能听到这样的话："你一个小孩子懂什么呀！"实际上评价孩子是否"小"，是否"懂"，不能只看身体发育而忽视心理成长。事实上，许多孩子的心理成长早于身体发育。尤其是在网络信息时代，孩子获取信息和知识的速度更快、渠道更广、数量更多。许多孩子的观察能力、认识水平、了解的领域与我们想象的大不一样。

《论语》有云："己所不欲，勿施于人"，就是提醒人们与他人相处及做事情的时候要学会换位思考。父母与孩子相处时也要学会站在孩子的角度看问题，考虑孩子的感受。尤其是孩子上小学三年级之后，家长对孩子的认识和态度要有一个飞跃。

不尊重孩子的主要表现

由于内心对孩子的评价不客观，当孩子没有做好一些事情，或者令父母不满意的时候，有的父母说话时常不尊重孩子，这种现象主要有以下几种表现：

第一，随意否定。当孩子几道题做错了或者某件事情没有做好时，有的家长常说的一句话是："你又做错了，真笨！"这种因一两件事情没有做好就随意否定的话语对孩子伤害很大。有时候一句简单的话，会挫伤孩子的自信心甚至给孩子的一生留下阴影。所以，家长不要给孩子贴上"笨蛋"之类的标签。谁都有做错事的时候，包括家长自己，更不要否定孩子，所以要允许孩子犯"错"。孩子做错事情或者成绩不好的时候更需要肯定，家长要清楚我们所说的每一句话在给孩子传递什么样的信息，教育孩子关键是疏而不是堵。如果你不想让孩子成为"笨蛋"，要学会在平常点滴之中赏识你的孩子，竖起你的大拇指，多鼓励孩子。在孩子有的事情没有做好的时候，我们应该告诉孩子，你不笨，只要下功夫认真学习，你肯定行。

第二，讽刺挖苦。当发现孩子早恋的时候，有的家长就说："你可真行，竟做出这种事！""早恋"本不是什么洪水猛兽，家长要想想孩子为什么这样做，搞清楚原因，注意正确引导，就能"化险为夷"。有的家长习惯于将自己的孩子与别人家的孩子比较，比如孩子考试没考好，家长就说，"都是一样的孩子，你看看某某某，你怎么就不如别人！"要承认，特别优秀的孩子总是极个别的，绝大部分孩子都是平凡的、普通的。要接纳孩子的缺点、接受他们的平凡。要让孩子清楚自己有哪些优点，知道他们因什么而可爱。何况绝大部分家长自己也不是最优秀的。所以在批评孩子时，不要伤孩子的自尊。注意为孩子制订切实可行的目标，让孩子学会跟自己比赛，以他自己的速度成长。告诉孩子，成功不在于角色的大小，而在于超越自己。

第三，飞扬跋扈。有的家长在家里唯我独尊，喜欢搞"一言堂"，说一不二。"我说不行就不行""你必须得这么做，因为我是你爸爸"，唯恐孩子侵犯了自己的权威。民法上有一个概念叫胁迫，因被胁迫而发生的民事行为是无效的，所以不管是在单位还是在家里，都别耍威风，不要用言语威胁别人。惧怕不等于信服，要尊重孩子合理的选择，别把父母的意愿强加给孩子，与孩子有关的事情可以与孩子商量，听听孩子的意见、想法。

经常有家长这样训斥孩子："住嘴！你怎么就是不听话。"仔细想一想，一味"听话"的孩子就真的很好吗？不要总是要求孩子服从自己，学会与孩子慢慢说话，给孩子争辩的权利，培养有主见的孩子。

第四，气急败坏。有的家长常犯急于求成的错误，发现自己说的话没有起到作用，孩子没有多大长进，于是就气急败坏地说："我再也不管你了，随你的便好了。"嘴上说不管了，实际行动上却不可能就这样放弃。家长在教育孩子时一定要有耐心，避免空洞说教，尽量不要强迫孩子做他不喜欢的事。

第五，全盘否定。有的家长看孩子某一方面表现不好，比如学习成绩差，就对孩子全盘否定，言语中流露出大失所望的情绪。比如"你什么都干不好，让我怎么说你。""一看你就没多大的出息，将来就捡破烂吧！"等。做父母的一定要认识到每个孩子都是独一无二的，有自己的优点，也有自己的不足。

对孩子来说，发现"我是谁"比"成为谁"更重要。父母要摆正期望的天平，支持、鼓励孩子成为最好的自己，以身作则支持孩子成为真正的自己。而不是以偏概全，打击孩子的自信心。对孩子的表现和成就如果抱有不切实际的期望，只会使他们遭受挫折、感到沮丧。相反，切合实际的期望和目标可以让孩子体验到更多的成功和喜悦，从而增强他们的自信心和继续努力的勇气。永远不要对孩子说"你不行，你什么都做不好"。要做自信的父母，也要注意培养孩子的自信心。无论大人孩子都需要赞扬和鼓励，都渴望被肯定和赏识。

给孩子足够的尊重

2019 年上映的电视剧《小欢喜》中高三学生乔英子要报考南京大学物理系，可是她的妈妈却固执己见，非要让她上北京大学，孩子差点跳海自杀。这就是不尊重孩子，不尊重孩子的想法和意愿的表现。不管孩子多大，父母总是把自己的孩子当作孩子，这是出于父母无私的爱。但是父母更要把孩子当作一个独立的主体，耐心听取孩子的想法和感受，尊重孩子的人格和意愿。当然子女也要尊重父母。

要教育孩子自立，就要求家长把孩子看作一个独立的主体，不管发生什么事情，都要注意维护孩子的尊严，给孩子足够的尊重。要耐心倾听孩子的说法、尊重孩子的想法，切莫觉得孩子还小，想法不成熟，就随意评价或否定孩子的看法。父母可以不赞同孩子的观点，但是要尊重孩子说话的权利、给孩子说话的机会。可以不理解孩子的想法，提出自己的意见建议，但是要尊重孩子正确的选择。

具体怎么做，可以借鉴阿德勒的观点：既不批评孩子，也不表扬孩子。阿德勒认为表扬和批评背后的目的都是家长为了对孩子进行支配，长此以往，孩子的任何行为都是为了赢得表扬或者是躲避批评。所以，使用批评和表扬的手段违背了自立的教育目的。

阿德勒认为父母与孩子的关系不应该是长幼有序的纵向关系，而是以独立的个体相互尊重，用爱联系在一起的横向关系。在横向关系中，父母给孩子就不应该是鼓励，也就是在家庭共同体中，父母要坚定地与孩子站在一起，只是在孩子需要的时候，为孩子提供帮助，而不是大包大揽或者一味地责备与惩罚。《正面管教》一书中也提倡：对孩子既不惩罚也不骄纵，父母既不要用大人的权威去强迫孩子遵守规则，也不能无原则地由着孩子的性子。

正面管教的核心是五个字"和善而坚定"。"和善"不是取悦孩子、对孩子一味地好、不想让孩子失望，"和善"要表达的主要意思是尊重，既尊重孩子，也尊重我们自己。"坚定"主要表达父母对某件事情的不容置疑、毫不动摇的态度，也意味着对自己和对当时实际情况的尊重。专断通常缺少和善，而骄纵则缺少坚定。

什么是"和善而坚定"呢？比如在工作中老板遇到员工犯了错误，向他明确指出错误所在并要求限期改正。最好的沟通方式是说话时态度平和但语气坚定。对孩子也是一样，不能因为孩子犯了错误我们就生气。比如孩子在马路上乱跑，很不安全，家长要果断制止，给孩子讲清楚道理，但没有必要因为这件事火冒三丈，更不能训斥孩子。遇到不合理的事情，虽不赞同，但无须生气。如果需要孩子自己纠正的，努力做到面带笑容，坚决制止，立了规矩就要执行。

教育不能走极端

家长教育孩子可以说都是摸着石头过河（二胎除外），方式、方法有时难免欠妥，遇到一些棘手的、不知所措的事情，对孩子简单粗暴，不但效果不好，而且对双方都是一种伤害，许多家长事后都后悔不已。《正面管教》中有一句很经典的话："如果你觉得教育孩子很痛苦，那一定是你用错了方法。"传统的教育孩子有两种极端的做法。一种是严厉管教，对孩子严格要求，告诉孩子哪些事情能做，哪些事情不能做，认为孩子违反规定就要受到惩罚。第二种是严厉管教的反面，就是放纵或者溺爱。家长对孩子的行为基本不加限制，放任孩子释放自己的天性。孩子想做什么就去做什么，想怎么做就怎么做。抱着这种教育方式的家长认为孩子现在小，不懂事，好多不当的行为都可以原谅，相信孩子长大了自然就什么都懂了。

所谓的"熊孩子"大多是家人溺爱、放纵的结果。娇生惯养会让孩子觉得所有人都欠他的，这些孩子往往以自我为中心，做事情不顾及别人的感受，独立生活能力差，缺乏责任感。所以，对孩子绝不能娇生惯养。俗话说"惯子如害子"，这应该引起家长的警惕。

训斥和惩罚后果很严重

令许多家长苦恼的是，孩子做了不当的事情，或者犯了错不知该怎么面对，比如孩子不吃饭、不完成作业等。常见的做法就是训斥孩子或者给予适当的惩罚，让其立即改正。训斥或者惩罚的教育方式之所以被许多家长广泛使用，一个主要原因就是它非常管用，尤其是在刚开始的时候，这种方法效果明显、立竿见影，能马上制止孩子的不良行为或者让他去做应该做的事情。

但是从长期来看，训斥和惩罚有许多负面效果。美国杰出的教育家和心理学家简·尼尔森认为，惩罚会导致孩子产生四种反应，分别是：愤怒——"我恨你"；报复——"你让我感觉很糟糕，那我要你的感觉更糟糕"；反叛——和家长对着干；退缩——要么是孩子觉得家长很严厉，"你不允许的事情我就不在你面前干，我偷偷干"，要么就是自卑，"我接受自己就是一个坏孩子"。上述这些情绪常常会在孩子叛逆期的时候集中爆发。所以，教育孩子一定不能着急，要心平气和，对孩子不要训斥或惩罚。

教育孩子不能只看短期效果

教育孩子要像大禹治水，注重疏导，而不是一味地堵。按照阿德勒的观点，教育孩子的目的，只有两个字"自立"。阿德勒说："你并不是为了满足他人的期待而活着，别人也不是为了满足你的期待而活着。"这里所说的"自立"，不仅仅是指经济上的独立，能自己养活自己，还包括对自己的价值有清醒的认识，拥有自己对待人生的态度和选择生活的方式，以及自省的能力、沟通的能力，处理人际关系的能力等。

教育孩子一定要注重长效机制，而不能只看短期效果，家长要注意观察自己对孩子的要求，比如诚实、孝敬父母、刻苦学习等，孩子是不是做到了内化于心、外化于行。如果我们通过合适的方式教育孩子使他内心逐渐认同这些观点，即使现在做得不好，将来也会做得越来越好，时间长了就会成为习惯。

教育孩子不能太着急，要学会慢养。每个孩子都是一朵花，只是一年四季开放的时间不同，颜色、形状不同。有的花在春天开放，有的花在夏天开放，如果到了秋天还没有开，也许这是棵蜡梅，到了冬天会开得更动人。

第五章

用心做事——今天改变未来

无论从哪个方面看，能够更好地控制自己的注意力、情绪和行为的人，都会活得更幸福。他们的生活更快乐，身体更健康，人际关系更和谐，恋情更长久，收入更高，事业也更成功。他们能更好地应对压力，解决冲突，战胜逆境，活得也更长。顽强的意志力是一个人最突出的优点。

——（美）凯利·麦格尼格尔《自控力》

1. 竞争真的很激烈吗？

竞争激烈是现代社会人们的一种普遍感受。人们不时会听到某企业濒临倒闭、某部门要裁员、某人失业了、毕业生工作不好找、在单位工作压力大等声音。这些声音时刻都在提醒我们：社会竞争非常激烈。然而，当我们在竞争中处于劣势或者失败的时候，有多少人会认真地总结经验，分析不足；又有多少人在抱怨命运的不公，想方设法为自己开脱。

正确看待不公平现象

竞争激烈的原因有很多，拿职场竞争来讲，一个主要原因就是新增就业人口多。每年全国有大量大学毕业生进入劳动力市场，许多农村剩余劳动力就业问题也需要解决。就业市场上可谓僧多粥少，往往一个岗位许多人竞聘求职。这是客观原因，作为求职者个人无法改变，难以左右。我们要考虑的是自己怎样才能在求职中取胜，找到自己满意的工作。

谈到竞争，有些人总觉得自己遭遇许多不公。例如大学生毕业后，某个同学找了一家不错的单位，有人就猜想，他们家是不是有什么关系？自己在面试中被淘汰了，就抱怨是不是被别人坑了？从客观上来说，不公平的现象确实存在，但实际上依靠这种不正当的方式获得工作、获得不当利益的人毕竟是极少数，绝大部分人都是凭借自身才干与努力得到机会、获取资源的。因此，我们必须要正视个别不公平现象，更重要的是，通过提高自身才干和扎扎实实积累来增加自己获胜的概率。

如果注意观察，其实不难发现，现代社会给我们提供了比以往更多的公平竞争的机会。比如国家公务员考试，不管是笔试还是面试，都是很公平的。拿面试来说，通过抽签的方式随机确定每组面试考官，在这样的情况下想要通过关系、通过利益交换取胜，如同大海捞针。这在很大程度上保证了竞争的公平性，为所有考生创造了一个健康的竞争环境。

在我身边就有一位来自山西农村普通家庭的女孩，本科、硕士读的都不是"985""211"高校。2008年硕士研究生毕业时，她一直找不到合适的单位，后来去了一个很普通的民办高职院校，月收入只有2 000多元。但工作后她仍然坚持学习，并参加了国家公务员考试，最终考上了某省的高级人民法院，现在是一名法官。当然，通过自身努力获得成功的例子还有很多。比如高考，对于绝大部分出身贫寒的学子来说就是一个人生的跳板，一次改变命运的机会。

竞争没有你想象的那么激烈

许多情况下，人们往往只看表面现象，却忽略了问题的实质，有的人一味抱怨竞争激烈、过分夸大困难，却不从自身方面找原因。殊不知，实际上竞争也许并没有那么激烈。人们只看到有的岗位供需严重失衡，却没有去分析应聘者质的差异。比如某个国有企业要在应届大学毕业生中招聘3名行政室工作人员，主要有两个条件：第一，有良好的沟通能力；第二，文笔比较好，有良好的文字表达能力。报名应聘者有300多人，可谓百里挑一。于是许多人感觉希望渺茫、灰心丧气，直呼竞争太激烈了。可实际上一轮笔试结束后，真正符合要求的人并没有多少。

我们不妨观察一下周围，文字表达能力好的人其实不多，沟通能力很强的人也不多，同时具备良好的沟通能力和文字表达能力的人更少。某知名高校法学院的一位教授曾经慨叹，近年来越来越多的司法部门反映，许多高学历的大学毕业生在工作岗位上写不出一份像样的法律文书，有的甚至连通知都不会写，也缺乏吃苦耐劳、持之以恒的精神。从这里我们就可以看出，其实竞争并没有那么激烈，只是大多数人没有做好求职准备。专业素养、自身能力不足才是在求职中陷入窘境的根本原因。

不是所有人都很努力

有些人惧怕参与竞争、担心竞争过于激烈的一个主要原因是，总觉得有很多强劲的对手。但实际情况究竟是怎样的呢？看看周围的人一天都在干什么就知道了。有多少人把精力真正用在学习和工作上呢？有的人假装很努力，有的人压根不想付出，却妄想能有一番作为。这些人对于那些用心准备、严格自律的人来说，根本构不成竞争。这种现象只会加重碌碌无为之辈的负担和恐慌，一次又一次让他们误以为其他人能力很强、太过优秀。竞争很激烈，却没有成为促使他们奋起直追的动力。于是努力的人愈发优秀，优秀的人更加辉煌，最终只剩下那些失败者在原地逗留，自怨自艾。

大家都知道，成功贵在坚持，但用功并且能坚持下来的人远没有你想象得那么多。许多人缺乏自控力，比如减肥，能坚持下来的人很少，很多人坚持了几天就抵不住美食的诱惑；许多人办了健身卡，去了几次以后就束之高阁。还比如早睡早起，每天锻炼半个小时，每天读 10 页书，能长期坚持做到的人又有多少？

《自控力》一书的作者凯利·麦格尼格尔讲："无论从哪个方面看，能够更好地控制自己的注意力、情绪和行为的人，都会活得更幸福。他们的生活更快乐，身体更健康，人际关系更和谐，恋情更长久，收入更高，事业也更成功。他们能更好地应对压力，解决冲突，战胜逆境，活得也更长。顽强的意志力是一个人最突出的优点。自控力比智商更有助于拿高分，比个人魅力更有助于领导别人。"许多好的做法或者习惯，人们往往熟视无睹或者不能坚持。大家公认很简单的事情，有的人不清楚，许多人做不到，还有很多人坚持不下去。

每次给新一届学生上课时，我都会建议学生每人准备一个笔记本，随身携带，把自己偶然冒出的一些好想法、老师上课讲的一些好的内容、建议，学习或生活中容易出现的问题记下来，留待以后思考借鉴，但能够做到的人寥寥无几。许多书里都介绍过随手记东西的做法。一些学者和优秀的人往往也都有随身带笔记本记录的习惯。《黑天鹅》一书的作者美国作家纳西姆·尼古拉斯·塔勒布一直非常自律，做什么事情都会考虑缓冲时间，他会随身携带一个笔记本，在等待别人的时候记一些名言警句，他在一本书中讲到，时间不长，就已经记了满满一本了，这还不算他在书店里读书时做的记录。

某大学老师给我讲了她亲身经历的一件事：上课的时候，她安排学生用PPT讲述一个问题或者汇报读书体会，结果发现好多同学PPT做得不认真。比如，把大段的文字复制粘贴在课件上，没有认真归纳总结；课件上的文字字号太小看不清楚等。每一次给学生布置作业时，她都会再三强调做好课件应该注意的事项，包括PPT模板的颜色与文字颜色对比要强烈，课件的字体、字号、行间距等要进行设置，标题要加粗等。可是下一次汇报时，依然没有几个学生按照要求去做。许多看似简单或者举手之劳的事情，有的人想不到，有的想到了认识不到它的重要性，即使多次提醒，许多人仍然做不到。

认真反思一下，在工作和生活中，我们是否也曾遇到过这样的问题？对于别人的意见和提醒置之不理，比如标点符号的使用问题，阿拉伯数字作章节标题序号时，后面的标点符号应该是实心的圆点，而许多人却用的是顿号。带括弧的序号，如（1）（二）后面不用标点符号，但是很多人后面还用顿号。也有人认为这些都是小事情，没有必要太认真，重点把内容做好就可以了。可是我们知道，任何事情要做好，既要在内容上精益求精，也要在形式上力求尽善尽美。只要你比其他人稍微用心一点、认真一点、努力一点，你就可能取得意想不到的成绩。正如经济学者何帆老师讲的，"只要你比别人多付出一点努力，就会轻松地淘汰掉数不清的苟且者，从而赢得属于自己的市场机会。"

什么时候奋斗都不晚

要提高自身的竞争力，唯有坚持学习、肯下功夫、不断提高。现代社会提倡人们要终身学习，"活到老学到老"，想要学习任何时候都不晚。媒体上曾报道一位72岁的老人19次参加高考，屡败屡战。虽然结果不尽如人意，但试问有多少人能做到像老人这样，为了目标永不言弃，将终身学习这一理念落到了实处；更有一位49岁的宿管阿姨陪伴儿子考研，并成功被广西大学录取的事迹。上述事例都说明，奋斗什么时候都不晚，最重要的是我们要始终保持一种坚持学习的态度、奋起直追的魄力、不怕失败的勇气以及锲而不舍的精神。人生是一场马拉松，何时起步并不重要，某一段跑得慢从整体看影响不大，关键是能否一直坚持在奔跑。不必担心会输在起跑线上，虽然有一些人比你起点高或者比你起步早，但许多人中途就退场了，最后胜利的必然是坚持不懈、永不言弃的人。

机遇总是留给有准备的人

当我们参与竞争时，当进入一个新行业时，必须深入了解、充分准备，才可能脱颖而出。拿餐饮行业来讲，几乎每隔一段时间就能看到周围的几个餐馆倒闭，又有新的餐馆开业。但在城市每个地段总有几家餐馆生意一直很好，每天顾客盈门，有的经营了三五年，有的经营了十几年甚至更长时间。这些一直生意兴隆的餐馆都有一些特点，比如讲诚信、分量足、口味佳、待客热情、环境优美、善于经营等，而上述这些品质恰恰是那些经营不善、倒闭关门的企业所欠缺的。

综合素质高、专业能力强、人际交往广等各方面都很优秀的人并不多，但是我们可以通过努力使自己在某一个方面或几个方面比较突出。记得 2005 年我们单位要迎接一个专项评估，单位找了一位文科专业的女生做办公室助管。但工作期间大家发现她的计算机水平比较高，每当领导和办公室老师的电脑出现一些小问题时，就会找她帮忙修理，每一次她都能顺利解决问题。当遇到解决不了的问题时，她就晚上回去看书学习，一般第二天都能解决。渐渐地，她跟办公室的几位老师都熟络起来。后来知道，她有这样的技术，是自己花了几千块钱去培训机构学习计算机知识的结果。因大家对她的工作评价都不错，于是毕业的时候她就被留在了学校，在学院办公室工作。

要生存就要奋斗

有的人看起来活得很轻松，有的事情似乎做起来很容易，这些都只是你以为。"宝剑锋从磨砺出，梅花香自苦寒来"，没有谁能够随随便便成功，也没有谁可以不付出就硕果累累。成年人的生活里没有容易二字，为了生计，许多人都不得不奔波劳碌。如果凭借自己的努力，使学习、事业再上一个台阶，自己和家人的生活质量再提高一点，那么所有的辛酸劳碌都是值得的，付出也是有意义的。就像稻盛和夫所讲："付出不亚于任何人的努力，努力钻研，比谁都刻苦。而且锲而不舍，持续不断，精益求精。有闲工夫发牢骚，不如前进一步，哪怕只是一寸，努力向上提升。"要生存就要奋斗，没有不劳而获；要成功就要付出，没有唾手可得。要获得巨大的成功就要付出常人难以想象的努力。

安于现状还是不懈努力？

安于现状、停滞不前，肯定会让你感到暂时的舒服，但并非所有人都有资格去享受当下的生活，也并不是所有人都可以安于碌碌无为。人生掌握在自己的手中，要想改变，就得付出努力。即使处境不一样，所处的平台不同，面临的困难也有大有小，但是对待生活、对待工作、对待他人的态度我们却同样可以选择。

著名心理学家维克多·弗兰克尔在《活出生命的意义》里写道："人所拥有的任何东西，都可以被剥夺，唯独人性最后的自由——也就是在任何境遇中选择自己态度和生活方式的自由，不能被剥夺。"维克多·弗兰克尔是个犹太人，纳粹时期，他和家人都被关进了奥斯维辛集中营，他的父母、妻子、哥哥，全都死在毒气室中，只有他和妹妹得以幸存。弗兰克尔在奥斯维辛集中营的经历常人难以想象，但他并没有屈服，而是在那样恶劣的环境下，积极寻找生命的意义，创造了属于自己的奇迹。

他的经历告诉我们，那些不可控的力量可能会拿走你许多东西，但它唯一无法剥夺的是你选择自主应对不同处境的自由，选择面对这些事情时自己的情绪和行动。不管环境如何，无论年龄多大，认真做好当下的事情，做自己喜欢的事，做有意义的事，并且坚持下去，你一定会有所收获。

2. 功夫不负有心人

"功夫不负有心人"这句话大家都耳熟能详。老师常用这句话鼓励学生好好学习，有的老师还结合愚公移山、悬梁刺股、凿壁偷光等故事，勉励学生要刻苦学习，告诫他们如果不下功夫任何事情都做不好。实际上许多人对"功夫不负有心人"这句话的理解是有偏差的，往往只看到了"功夫"，而忽视了"有心"。

曾经在网上看到一篇以"功夫不负有心人"为题的文章，里面写道："俗话说得好，功夫不负有心人，人们只要付出了努力和汗水，多半可以有所收获。对于功夫不负有心人这句话，居里夫人就是一个鲜明的例子：她为了研制出镭，整日在烟熏火燎中一锅一锅地冶炼着可能含镭的工业废渣。在许多人想放弃的时候，居里夫人却坚持了下来。经过 3 年 9 个月的研究，她在一堆工业废渣中，提炼出了 0.1 克镭，也因此获得了诺贝尔奖。除了居里夫人外，我国的铁路工程师詹天佑也是一个代表。在他担任京张铁路工程师时，亲自在悬崖峭壁之间测量数据，生怕出了一点点误差。在他的努力下，最终完成了由中国独立建造的第一条铁路！居里夫人和詹天佑的故事都告诉我们一个真理——功夫不负有心人，只要我们向他们学习，能为自己的梦想、志向付出努力和汗水，就一定能获得成功！"这篇文章举了很多例子，告诉人们做事情要下功夫，只有付出努力才能有收获，却自始至终没有谈到"有心"。这篇文章对"功夫不负有心人"的理解显然是有偏差的。

光靠下功夫是不够的

许多年来，我也曾把"功夫不负有心人"这句话的意思仅仅理解成做事情一定要下功夫，认为任何事情只要肯下功夫，一定会有收获。比如学生在学习上下功夫，就能取得好的成绩；科学家只要孜孜不倦、潜心钻研就能有科技创新。

现在看来，以前对这句话的理解是不全面的。安吉拉·达克沃斯在《坚毅》一书中写道："一味地埋头苦干并不一定有收获，反而可能浪费了宝贵的时间和精力，只有时不时地停下来反思，看看有什么需要改进的，才能让练习更加高效。"许多事实也证明，某一件事情要取得成功，仅仅靠下功夫是不够的。下功夫并不是只知道忙碌，有时候也需要停下来、静下来、慢下来，对前面所做的事情作以回顾和思考。

"功夫不负有心人"这句话有两个关键词，一个是"功夫"，一个是"有心"。这里的功夫指的是下功夫，是指做事情要勤奋，不能偷懒；有心是指做任何事情都要用心、专注、思路清晰，思想上高度重视，做起来认真仔细。有人总结了未来容易被淘汰的几种人：①没有想法；②不懂合作；③适应力差；④犹豫不决；⑤不愿沟通；⑥不重视资讯；⑦没有礼貌；⑧只会妒忌；⑨知识面窄；⑩忽视健康；⑪消极思维；⑫自我设限。排在第一的是没有想法，可见有没有想法对一个人能否成功是多么重要。"功夫不负有心人"这句话准确的意思应该是只要人们善于思考，用心投入，同时注意做事的方法和效率，认真下功夫坚持去做某件事，就一定会有收获。

如果懒得思考、没有想法，只知道下功夫苦干、蛮干，一般能解决基本的生存问题，但是要有更大的发展，还远远不够。如果仔细观察你就会发现，那些企业界的成功人士对自己和自己从事的行业，以及自己的企业在行业中的位置，都有一个比较清醒的认识，对自己的事业有明确的目标和方向，而且能够勤学好问、及时反思，坚持用正确的方法，沿着正确的方向走下去，即使遇到风险挑战，也矢志不渝。

用心做事更重要

与"下功夫"相比较，"有心"似乎不太好理解，容易被忽视，也不太容易做到。其实，努力做一个有心人，用心去做好每一件事情，比下功夫更应引起重视。什么是用心，有一句话讲得很深刻，"用心便是生活，无心只是活着。"有心人在遇到困难和挫折的时候，往往能够坚持下来。

做个有心人，用心去做事，有许多好处。第一，由于思路清晰、目标明确，做起事来会得心应手。即使辛苦，也不会显得枯燥，因而往往能坚持得更长久。第二，有心人一直在思考怎样省时、省力把事情做得更好、更快，所以工作效率更高、完成的质量更好。因此，做一件事情之前，首先要清楚做这件事情要达到什么目标，取得什么效果，谁比我们做得好，怎么样才能够做得更好，不能只一味地苦干，还要学会巧干。

有心人一般有这么几个特点：善于观察、善于学习、善于思考、善于替他人着想、做事认真。有心才能获得更多的机会，有心才能赢得人心。有人曾经说过，这个世界不是有钱人的世界，也不是无钱人的世界，它是有心人的世界。记得 2009 年我去北京开会，乘火车返回西安时，一起开会的西安某公司老总跟我在一个卧铺车厢，我在上铺，他在下铺。下车回家后我发现把一件衬衣忘在了火车上。我想着不好去找，就没管这件事。第二天，这位老总给我打电话，说他帮我把衬衣拿回来了，过几天让人给我送过来。大约过了一周，他公司一位员工把衬衣给我送了过来。我打开袋子一看，衬衣洗得干干净净，叠得整整齐齐。这件事让我非常感动，一直铭记在心。

2019 年 10 月，我把一篇给报社写的文章通过电子邮件发给了一位青年教师张老师，让她帮忙修改。过了两天，我收到了修改后的文章。让我没有想到的是，她回复给我两个文件，一个文件是标有修改批注的文章，另外一个文件是直接修改后编辑好的文章。她解释说，发给我批注的文件，是为了让我知道文章哪些地方做了修改。而之所以又发了一份修改好的文章，是为了我方便使用，如果修改得没有问题，就无须一一删除批注了。我为她的认真用心感动。帮别人修改文章的人，一般想不到给对方发两个版本的修改后的文章（至少我从没有想到这种做法），即使想到了，恐怕很少有人能做到。

不是所有人都在用心做事

前一段时间，一位朋友给我推荐了一本书。买之前，我在某知名网络购物平台看了读者对这本书的评价。大部分的评价是这样的："书很好，正版，纸张厚实、字迹清晰，活动价买的，比书店便宜多了"；"所有的书籍都是在这里购买的，物流速度快，服务态度好，非常满意"；"书籍目前还没阅读，内容不做评价，图书纸张质量很好，应该是正品"；"物流很快，包装完好，印刷清晰，赞一个"。

只有极少数读者会认真地评价书的内容。比如："这本书读完了，真的震撼到我了，本书给了我不一样的启示，有助于改变思维，改变自己的行为方式，过自己想过的生活，接受自己"；"这本书的作者还是非常有思想的，而且是知行合一的榜样，但我觉得书的内容深度上还不够，有兴趣的可以看看"；"这是一本比较经典的思想著作，仔细阅读收获颇丰，值得推荐，读了一遍，现在再读第二遍"。这些读者对图书内容的评价，对于我们是否购买这本书就有更好的参考价值。

你可以问任何一个读者："你觉得在网上购书写评价时，应该主要评价什么？"相信绝大部分人都会说："当然是评价书的内容。"你再问他："在考虑是否购买一本书之前，了解其他人对这本书的评价主要关注什么？"大家几乎都会回答："当然想看看其他读者对书的内容怎么评价。"可是人们在做的时候却往往忽视了这一点，要么没有搞清楚自己应该评价什么，要么没有为其他读者着想。有的读者会说，我刚拿到书还没来得及看，不了解书的内容怎么样，这种情况下就没有必要着急去评价，可以等一段时间，把这本书看完或者至少看了一部分的时候，再去评价。

2005 年暑期，我和某大学一位老教师一起去外地开会，一路上我用自己的相机帮他照了几张照片。回到单位后，我把他的几张照片冲洗出来，让一位在他们学校读博士的同事捎给了他。这位老师拿到照片以后非常高兴，专门给我打电话表示感谢。后来有一次他见到我，又专门提及此事，说我是个有心人。当你做了某件事情，别人说你是个有心人，其实夸奖你的人也是个有心人。

要成为一个有心人，有先天的因素，更有后天的学习、思考、实践与努力。被人称作是一个有心人，谈不上是很高的赞誉，但是要成为一个有心人绝不是件容易的事。希望我们每个人都能坚持读书、虚心学习、善于观察、用心思考、用心感受、用心做事，做一个对每件事情都认真对待的有心人。

3. 认真做事

对于绝大部分人来讲，一生做的都是普通的事情、平凡的事情、简单的事情，正如原海尔集团总裁张瑞敏讲的："把简单的事情做好就是不简单，把平凡的事情做好就是不平凡。"那么怎么样做好一件事情呢？我想用亲身经历的一件事情来说明。

像筹划婚礼一样做事情

我曾经做过一位同事的婚礼总管，新郎给我提供的一个关于整个婚礼的详细安排给我留下了很深的印象。他将婚礼的每一个环节都安排得非常具体，比如谁负责放炮，谁去买爆竹，什么时候放，甚至包括要求带打火机，打火机要提前试一下等这样的细节都写得很清楚。再比如谁负责管理车辆、车队按什么顺序排、车几点钟出发、几点几分到新娘的家门口，接新娘时车停在什么地方、几点几分从新娘家门口出发，几点钟到酒店，谁负责给新娘家所在小区的门卫送喜糖，等等。

在婚礼举办前两三周，新郎就召集包括婚礼的司仪、总管以及帮忙的朋友等在内的婚礼相关工作人员，商量婚礼前期要做哪些准备工作。比如要购买哪些东西、邀请哪些人参加婚礼、是发短信还是发请柬、由谁来做主婚人、谁来讲话，这样的会大概要开2~3次。尤其是在婚礼前一天，男方家人还要把所有工作人员召集起来，继续做相关准备的同时再听取大家意见，看还有哪些遗漏或者没有想到的地方，如果有就及时完善。

反过来想想，我们在安排工作的时候，有没有想得这么周到细致呢？实际上许多时候并没有做到。比如要开一个会，是不是应考虑以下几个方面的事项：会议的主题是什么、会前要做什么准备、会前要不要就会议的议题先进行研讨、会议由谁来通知、会议通知怎么写、什么时候发通知、谁来主持会议、谁先发言、谁后发言、每个人发言的时间大概多长、会议几点开始、大概几点结束、本次会议要不要进行报道、报道稿件由谁来写、谁来校对、谁来审核、什么时候写好、在什么媒体上发。这其中任何一个环节出现问题，都可能会造成不好的结果或者影响会议的效果，所以工作中任何一个细节都不能疏忽。

像恋爱时一样谨慎小心

男女青年恋爱的时候，往往都会谨小慎微，相互尊重，认真对待每一件事情。不管是男孩还是女孩，约会前就开始思来想去，穿哪件衣服合适，有时还要征求朋友的意见，甚至见面时第一句话怎么说也要反复斟酌，有时还要认真演练几遍。比如，在约会前，男孩子要认真考虑、精心策划以下事项：在什么地方约会、是逛公园还是看电影，在什么地方吃饭、吃什么饭、几点钟吃饭、吃完饭怎么回家等。约会的整个过程也都会表现得彬彬有礼。有的男孩跟女朋友在一起的时候，对路人也会表现得非常友好。

我们在日常工作和生活中与人相处时，有没有这种谨慎和认真的态度，能不能像恋爱时那样，充分尊重对方，礼貌待人，说话不伤人？公司老板或者主要负责人在决策部署或者工作安排之前，有没有充分发扬民主，广泛听取意见？征求意见是采取匿名还是实名方式？在哪个范围征求意见？如果要开征求意见会，每一个细节是不是都考虑到了，比如会议由谁主持、发言按照什么顺序等。

仔细检查

有一次，几位同事一起聊天，一位同事讲了这么一件事：一位开茶店的朋友给他送了一盒茶叶，打开茶叶包装盒发现里面的两个瓷罐里没有装茶叶。估计是工作人员疏忽，忘了给罐子里装茶叶，就把罐子封好装进了盒子。我就问他，这件事你会不会告诉你的朋友？因为类似的事情我也碰到过，要不要告诉对方一直很纠结。他说会告诉这个朋友，原因是关系比较熟悉。朋友知道后一定会注意这个问题，可以避免以后再犯这样的错误。另一位同事听了之后也讲了她经历的一件事：她儿子过生日，儿子同学的家长送了一盒巧克力作为生日礼物，她一看包装，巧克力已经过期了一年。我想孩子同学的家长肯定不是有意要给别人送一盒过期的巧克力，应该是送人之前没有仔细检查。

类似的事情我们有可能也做过，只是自己不知道而已，自认为做的一些好事，其实可能一塌糊涂或者事与愿违。

中国是一个人情社会，讲究礼尚往来。亲戚朋友之间送个礼物，乃人之常情。有时也会把收到的礼物再转送给他人，但是转送之前一定要认真仔细地检查。打开盒子看一看，蔬菜、水果、食品等要看看有没有变质的，标注保质期的物品要查看是否已过保质期或者即将到保质期。另外，装礼物的包装袋一定要结实，如果绳子有断的隐患或者袋子有烂的隐患要果断更换。许多人都曾有过这样尴尬的经历，买了一袋子水果，刚走几步，塑料袋烂了或者水果兜的带子断了，水果掉了一地。

做任何事情一定要仔细认真，把好事办好。陕西有一句方言，"干吃枣还嫌核大"，意思是别人白给你的红枣，吃的时候就不要嫌枣的核大。以前物质生活匮乏，别人送点吃的，往往兴奋不已。但这个观念现在要改变了。因为绝大部分人不愁吃喝，所以单位给员工发福利或者我们给别人送礼物，也要慎重考虑、精挑细选。

收获往往是意外的

在工作生活中，人们遇到的事情一般可以分为两类，一类是必须做的事情，一类是可做可不做的事情。必须做的事情也可以分为两类，一类是自己情愿去做的，一类是不情愿去做的。

一般情况下，人们判断某件事情要不要做，愿不愿做，常常考虑做这件事情对自己有没有好处。我们不妨换一种思维方式去判断某件事情要做还是不做，想一想做这件事情，对自己有没有坏处。如果确信有坏处，坚决不能做。这些坏处包括损害国家利益、集体利益、他人利益或者损害自身利益；做这件事情违反法律或者违背道德；违背自己做人的原则等。

如果没有坏处，自己有时间和精力就去做，一旦做了就认真做好。事实上，如果做某件事情没有坏处，从长远来看往往会有好处。也许有的人会说，做这些事情是没有坏处，但会耽误时间。当然，如果在这个时间你有更重要的事情，那么你也可以选择不去做。

许多人都有类似的经历，有的事情刻意去做，往往很难成功。有的事情没有刻意地去准备，无意间反而就成功了。这就是"有心栽花花不开，无心插柳柳成荫"。记得上大学时，有一次学校举办篮球比赛，学生会干部通知我们班同学给学院篮球队呐喊助威，班里一个女同学本不想去，后来被舍友硬拽去了操场，结果让人意想不到的是，这位女同学在操场上碰巧结识了一位外系的男同学，两个人一见钟情，后来恋爱、结婚、生子，过着幸福的生活。其实，有些收获往往是意外的。

不要太功利

趋利避害是人的天性，对于要不要做某件事情，人们都会权衡对自己有没有现成的好处。但是，我们首先要搞清楚到底什么是好处。好处有很多种，有很快能得到的好处，还有暂时看不清、以后可能才得到的好处。好处包括物质上的，也包括精神上的。随着物质不再短缺，人们会比以往有更多精神上的需求，比如你完成一件工作后他人对你的赞许、肯定。许多事情短时间看似乎没有好处，但长期坚持就会有很大的收益。比如读书，大家都知道，一般来说读书短时间内不会有多大的收益，但是时间长了潜移默化中会影响我们为人处事的方式，提高语言表达能力。所谓"读书破万卷，下笔如有神""熟读唐诗三百首，不会作诗也会吟"。日本著名作家村上春树曾经说过："不必太纠结于当下，也不必太忧虑未来，人生没有无用的经历，当你经历过一些事情后，眼前的风景已经和从前不一样了。"所以做任何事情，都要立足长远，不能只看眼前利益。你吃过的饭，走过的路，见过的人，读过的书，学过的东西，做过的事，最终都会回馈到你的身上——这就叫积累。

做别人不愿意做的事情

卡耐基曾经说过，"这个世界上有许许多多必须要做的事情，有的事情看似大有裨益，所有人都争着抢着去做，而有的事情呢，似乎对你的人生毫无帮助，但这些事情也总是需要有人去做的。到最后我们会发现，那些去争抢好事的人未必能够得到什么好处，而那些愿意吃苦吃亏的人，往往能够从中获得人生宝贵的财富。成功从来都是没有捷径的，但它有一个秘诀就是去做别人不愿意做的事情。"比如，领导临时安排你做一件不是份内的工作，可能需要耗费你的时间，甚至耽误了你和女朋友的约会。但是在做这件事情的过程中你可以学到许多东西，认识更多的人。也许哪一天领导让你换个岗位，真的去干这份工作，你就能轻松胜任。

今日头条创始人张一鸣在大学毕业后第二年就成了管理四五十人团队的主管。有人问他，为什么你在第一份工作就成长很快？是不是在那个公司表现特别突出？他说其实不是。当时公司招聘标准很高，跟他同期入职的，就有两个清华大学计算机专业的博士。那是不是技术最好？是不是最有经验？他说都不是。张一鸣发现有一点对他帮助很大，那就是在工作时，不分哪些是他该做的、哪些不是他该做的，每天做完自己的工作后，其他同事有问题求助，只要能帮助解决，他都积极去做。用他的话说，就是"我做事从不设边界。"

当时，Code Base 中大部分代码他都看过了。新同事入职培训时，只要有时间，他都给他们讲解一遍。通过讲解，他自己也能得到成长。因为要给别人讲解清楚，自己就要重新进行学习、梳理、准备。张一鸣当时负责技术，但遇到产品上的问题，也会积极参与讨论、一起策划产品方案。许多同事说这个不是他该做的事情，但张一鸣说："你的责任心，你希望把事情做好的动力，会驱动你做更多事情，让你得到很大的锻炼。"他当时是工程师，但参与产品方案的经历，对后来转型做产品有很大帮助。参与商业的部分，对他后来的工作也有很大帮助。他跟公司的销售总监一起去见客户，这段经历让他知道了怎样的销售才是好的销售。当他组建今日头条招人时，这些可供参考的案例，让他对这个领域有所了解。所以说，没有白吃的饭，没有白经历的事，没有白学的知识，没有白干的活。看看我们身边那些勤勤恳恳、任劳任怨、不怕多干活的"老实人"，他们遇事从不推诿，只要有机会承担的事情，总是尽可能地做好。因为经历了许多事情，承担了很多职责，自己得到了许多锻炼机会，时间长了，自然会得到领导和同事的认可，事实证明，"老实人"最终都没有吃亏。

4. 你可以做得更好

　　朗达·拜恩在他的著作《秘密》中讲到，每一个人身边的一切都是自己吸引来的，凡是你所想的就是你要的，凡是你所说的就是你要的，凡是你所做的就是你要的。这种说法似乎有些绝对，但它提示我们自己的重要性和影响力，每一个人要对自己的行为负责，对自己的想法负责。要成长要进步，就必须关注自己每天所思、所想、所做。

　　我们很难改变别人，也决定不了社会发展。我们能做主的就是对人、对事的态度，以及自己该怎么做。遇到不如愿或者没有做好的事情，许多人总是喜欢找理由，认为自己没有错，一味地抱怨他人、抱怨社会，而不去反思自己，忽视个人的态度和言行对自己生活带来的影响。英国作家威廉·萨克雷曾经说过："生活就是一面镜子，你笑，它也笑；你哭，它也哭；你感谢生活，生活将赐予你灿烂的阳光；你不感谢，只知一味地怨天尤人，最终可能一无所有！"

技多不压身

在生活中有时不需要懂太多的大道理，有许多常识、俗语一直在发挥着作用，但是我们常常熟视无睹或者抛诸脑后，即使知道也总觉得这些常识似乎只对他人起作用。比如"功夫不负有心人""无他，唯手熟尔""有志者事竟成""技不压人"等。

2020 年上半年全国抗击新冠肺炎疫情期间，几个月的封闭使我们深深感受到生活能力是多么重要，显然天天吃外卖是不行的。就像整天在家做饭，有时候会很烦，不知道做什么，天天在外面吃也会很烦，时间长了就不知道吃什么饭了，何况有时候饭馆的饭菜让人不放心。在家封闭几个月后，许多人成了做饭高手。

我所在的学院女学生比较多，我就经常给她们讲，除了读书、学习，还要学会做家务，尤其要会做饭。有的女孩子却说，我的思想太封建，怎么能只要求女的做饭呢？我说："男的也要学会做饭，会做和做不做是两回事儿。做饭也是一门技艺，何况会做饭，可以提高你的生活质量。"有的女孩子说："没关系，可以点外卖，将来可以让我老公做。"让老公做饭这个说法很不靠谱，我就说："首先，如果你老公出差了怎么办？第二，如果离婚了怎么办？第三，如果因为各种原因你没有结婚怎么办？"当然，许多女孩子认为这些事情不会发生在自己身上。

目前在城市里，有文化的男性和女性人数比例严重失衡。也就是学历较高的女孩子相对较多，男孩子相对较少，除了部分企业，许多单位都是女多男少。而在农村恰恰相反，男孩子多女孩子少，因为高考升学率提高以后，女孩子学习一般比较用功，考上大学的比例高一些，即使个别女孩子没有考上大学，有的去城里打工后嫁到了外地。在许多大城市，如今有一个非常严峻的现实问题：对一些知识女性来讲，不管你是不是想谈恋爱，你的态度是不是很明确，想法是不是很迫切，由于有一定学历水平的男性比例较低，将来会有一些女孩子可能找不着对象，不能如愿步入婚姻的殿堂。所以为了提高生活质量，对每一个人来讲，不仅要学会工作，同时也要学会生活，掌握一些基本的生活技能，比如洗衣、做饭、整理家务等。

没有那么多"大事"

从个人角度讲，绝大部分人的一生没有多少"大事"。一般人一生经历的"大事"不会超过10件，比如升学、生子、生病、就业、升迁、买房、结婚等。著名作家柳青曾说："人生的道路是很漫长的，但要紧处常常只有几步，尤其在人年轻的时候。"所以把握住人生要紧处的几件大事，对一个人的一生影响很大。在平时就要认真做好每一件事，不必去考虑它是大事还是小事。许多历史上的大事，在当时看来也可能是一件小事。许多大事没有成功，往往是因为小事没有做好。

随着年龄的增长，回首以前，你会发现我们经历的许多当时认为不得了的事情，现在看来都是小事情，甚至不值一提。许多人认为很小的事情，却对后面事情的发展起了决定性作用。什么是大事，什么是小事，有时候是很难区分的。

我曾经去西部某高校新校区参观，发现学校两条主干道两边栽的全是柏树。我给他们某位副校长说了此事，他听了之后也觉得不合适。许多农民都知道在什么地方应该栽什么树。这些不能完全说是封建迷信吧？一个学校校园应该栽什么树，很少有领导认为这是一件大事，一般也不会上升到校领导层面，需要通过召开党委会或者校长办公会来研究。这件事通常总务处或者后勤部门就可以解决。那么到了总务或者后勤部门，这是不是一件大事呢？要不要领导班子开会来研究一下，校园哪条路应该栽什么树，花多少钱？许多人会认为栽树不是什么大事。栽树这件事往往是负责校园绿化的几个人就定了。可是一个学校栽了什么树，少则几十年，多则上百年甚至更长时间一直都会在那，尤其是行道树一般很少变化，即使房子拆了，树还在，它要影响、熏陶好几代人。

我们常常不知道自己哪些地方做得不好，在我们自己看来很得意的地方，在他人看来也可能有许多需要改进，甚至漏洞百出。令人遗憾的是，我们做错了什么或者什么地方做的不合适，别人发现了，一般不会指出来，即使是很要好的朋友。所以要不断成长进步，就必须坚持读书学习，不断提高自身素养。同时，遇事不要自以为是或者独断专行，要接受自己的不完美，经常自我反思，多听取他人的意见，俗话讲"三个臭皮匠顶个诸葛亮"，现在还有一种说法叫头脑风暴。团队或组织的力量可以使我们做得更好。

想到还要做好

我们不但要做个有心人，同时还要把想法落实在具体的行动上，才能取得满意的效果。有位朋友曾经给我讲了一个他亲身经历的故事：有一年中秋节，他给几位亲友每人送了一盒月饼。过了几天，其中一位很要好的朋友给他打电话，说给他送的那盒月饼里面少了一个。我的这位朋友这才回想起来，他买月饼时为了稳妥起见，先试买了一盒，并打开盒子尝了一个，后来自己忘了这件事，把那盒月饼跟其他月饼混在一起送人了。这件事情给我的启发是，做任何事情一定要认真仔细，尤其是与他人有关的事情。

一件事情，如果没有做好，或者没有按时完成，许多人往往会找各种借口或理由。比如自己最近事情比较多，工作比较忙，家里临时有事耽误了，等等。其实这一切往往都是借口，大部分情况下是对此事思想上重视不够，没有认真去做。对于任何一件事情，尤其是与别人有关的事情，人们做到什么程度，做得效果怎么样，从根本上反映的是够不够重视、有没有用心。用心做事体现在两个方面，一是思想上高度重视，行动上有认真的态度；二是追求最好的结果，也就是按时按质完成。任何事情，只要决定做了，就尽力用心去做好，否则，马马虎虎做，有时候还不如不做。

用心做事还体现在做事的过程中，就是要思考如何把这件事情做得更好，对事情的每一个环节仔细考虑。比如让别人去办某件重要的事情，首先要确认这个人办事是不是靠谱，中间要随时了解进展情况，要求对方事情做完后及时回应。另外，做精细类的事情一定要仔细检查，比如写的工作计划、总结、新闻报道等，必要时应打印出来，反复多看几遍，确保相关内容准确无误。如果条件允许还可以请其他人帮你把把关。

按时完成

　　"有心" 落实在具体事情上，除了认真，及时也很重要，也就是做事不要拖延。老板给你安排的任务要求你五天做好，结果你拖了十天才完成，后果可想而知。所以，今天能完成的事情一定不能拖到明天。

　　皮切尔在《战胜拖延症》一书中讲道："事实上，即使我们不想浪费时间，最后可能也在浪费时间，这才是真正的问题。我们要想做出改变，就必须明白这一点。每天耽搁一些看似微小、积久下来却重要的事情也会在其他地方影响我们。"的确，许多人都有不同程度的拖延症，其实对一件事情是否会拖延、拖延多久，根本原因在于是在为谁做这件事情，思想上是不是足够重视。有的人有迟到的恶习，那么他是不是任何一次约会都迟到？初恋时与女友约会时会不会迟到？孩子的小学班主任让家长做的事情会不会拖延，会不会敷衍了事？

　　前不久在收拾办公室抽屉的时候，发现一个信封里面有几张照片，是 10 年前我去一个同学的老家，给他们一家人照的几张合影。我当时帮他们每个人洗了一张，这位同学跟我就在一座城市，几乎每年都见面，中间有几次我偶尔也想起把照片带给他，但由于种种原因，一直没有做到。现在回想起来还是对这件事情不重视，没有把它当一回事。

5. 现在就开始改变

许多人经常感叹，道理自己都懂，可就是做不到。前些年作家韩寒说过一句话颇为流行："听过那么多的道理，却依然过不好这一生。"比如说要减肥就要控制饮食，要学好英语就得坚持天天背单词等。有的人做了几天坚持不下去就放弃了，有的人压根就没有开始去做。这些都是缺乏自控力的表现。缺乏自控力的人总是大多数，所以成功的永远是极少数人。尤其是在智能手机普及的时代，许多人每天绝大部分的时间都被手机"控制"。

人为什么会有理想？为什么要奋斗？就是因为人们对现状永不满足，对未来不懈追求，期盼更好的物质和精神生活。比如有人希望自己的收入更高一些，过几年能买一个属于自己的房子。男孩子希望尽快找一个女朋友，女孩子希望自己更漂亮。有一些人之所以没有付诸行动，是因为对自己缺乏信心，不敢去通过奋斗实现自己的愿望。要改变现状，必须充满自信，对未来充满信心，始终盯住自己的目标，坚持做下去，至于最终结果怎么样，不必过多考虑。即使最终没有成功，因为自己尽力了，也能无愧于心。

那么，如何提高自控力，早日实现自己的人生目标呢？必须立即行动起来，从今天做起，从现在开始，并坚持下去。查理·芒格曾说：“我不断地看到有些人在生活中越过越好，他们不是最聪明的，甚至不是最勤奋的，但他们是学习机器，他们每天夜里睡觉时都比那天早晨聪明一点点。”刚开始时，不要对自己提出过高的要求，先制订几个简单的比较容易达到的目标计划，比如每天做两道题、看 10 页书、锻炼半个小时等。让自己先体会一下目标达成之后内心获得的喜悦和成就感，将自己能够坚持做事的兴趣和感觉先培养起来，再坚持不懈地做下去，每天进步一点，直至成功。最好能找一个笔记本，在每天晚上睡觉前把每天目标的完成情况如实记录下来（网络语叫“打卡”）。

只有今天自己可以做主

为什么要认真做好今天，因为“弃我去者，昨日之日不可留”。昨天的所做所为，虽然会对今天有影响，但毕竟已经过去了。明天的一切都未可知，只有今天自己可以做主。明天是什么样的，是由今天决定的。陶渊明说：“盛年不重来，一日难再晨。及时当勉励，岁月不待人。”那么就从现在开始考虑你今天应该做什么，你每天所做的事情有助于实现目标吗？有助于提升自己吗？你对自己每天的生活是不是心安理得？如果你今天做的事情不会使你的明天更好，那么就立即停止。

沃伦·巴菲特的黄金搭档查理·芒格有句名言：“要得到你想要的某样东西，最可靠的办法是让你自己配得上它。”你喜欢什么，想拥有什么，先想一想你付出了多少，现在的你有什么，你是不是值得拥有你喜欢的东西。你想得到什么，就要努力提升自己，使自己将来能够配得上它。你想拥有财富，看看你的智慧和努力是否足够。如果你想与女主角谈恋爱并终成眷属，那么就努力使自己成为男主角。如果你通过努力实现了自己的目标，获得了成功，同时为社会作出了贡献，那么你赢得的不仅仅是金钱和名誉，还会赢得人们的尊敬和信任，而能够赢得别人的尊敬和信任是非常快乐的事情。

没有人能随随便便成功

　　网友"拾遗君"在文章《美女都是狠角色》中介绍了美国领袖级服装设计师王薇薇的故事，姚晨、刘嘉玲、克林顿的女儿、特朗普的女儿结婚时穿的都是她设计的婚纱。她71岁时身材看起来还像20多岁的姑娘。王薇薇对身材管理极其严苛，数十年持续健身，从不放松。从8岁开始，她就没有胖过，20年没有吃过饼干。她做事情非常自律。在8岁的时候，王薇薇迷上了花样滑冰。为了练好花样滑冰，她每天早上6点就起床，每天训练8小时。练花滑需要仪态好、气质好，于是王薇薇又去学芭蕾，整整12年，没有间断。她说："我从不担心自我约束是无用功，事实上，正是因为你在某个目标上，付出1000个小时、10000个小时，你才能真心体会它、理解它。"王薇薇后来之所以能取得很大的成就，自律是最关键的因素之一。正如有人讲的，人生的核心问题，就是自律。现在吃不了自律的苦，将来就得吃平庸的苦。眼下暂时的不适和将来的后悔，你总得选一样。

不要忽视过去对我们每一个人产生的影响，也不要忽视今天的努力对未来产生的影响。过去的烙印不仅影响自身的成长，由于固有的成见等原因，它还时常影响别人对我们的看法。比如一个硕士研究生毕业后在某单位工作，如果他工作能力和工作成绩非常突出，周围就有人会打听他研究生毕业于哪所大学，还会追问他第一学历是哪个大学。如果工作干得不好，也会有人想到上述问题。要想改变人们对你的看法，只有通过坚持不懈地努力做出让他人刮目相看的成绩。国学大师钱穆说："古往今来有大成就者，诀窍无他，都是能人肯下笨功夫。"那么作为普通人，要改善自己的境遇，创造美好生活，更是要下苦功夫。

努力就会有效果

有人讲，我们做任何事情，都要抱最大的希望，尽最大的努力，作最坏的打算，持最好的心态。当然，最重要的是努力。不可否认，天分对于一个人的成长成才很重要，但是一个人的能力只有通过长时间读书和实践的积累才能获得。任何职业、任何事情要做好，都不是全部依赖天分。记得我的孩子上小学的时候，学校要对学生进行跳绳达标测试。刚开始，孩子跳得很差，在全班50多名同学里排在最后。练了几次，进步不是很大，我于是有点打退堂鼓，感觉孩子的协调性不太好，对他跳绳信心不足。后来因为担心达标验收通过不了，于是我就硬着头皮每天晚上陪他到楼下练习。过了大概半个月时间，他的跳绳成绩就有了很大进步，在班级排名进入前 20 名。这件事情给我的触动很大，以后也经常拿这个例子鼓励学生学好各门课程。人们或多或少有一些思维上的禁锢，认为自己有的事情做不好，有的事情没兴趣，实际上那可能是我们付出的努力远远不够。

事闲勿荒，事繁勿慌

杰出的爱国民主人士、著名教育家黄炎培先生曾给子女写下这样的座右铭："理必求真，事必求是；言必守信，行必踏实；事闲勿荒，事繁勿慌；有言必信，无欲则刚；和若春风，肃若秋霜；取象于钱，外圆内方。"这则座右铭分为六组，各有其深意，对于我们做人做事、成长成才、提高修养均有很大的启发。尤其是"事闲勿荒，事繁勿慌"这句话让人醍醐灌顶、感触尤深。

事闲勿荒指的是闲暇时或者工作事务不很繁忙的时候不要放松自己、荒废时间，要惜时如金，主动找一些有意义的事情去做，比如读书学习。事繁勿慌，指的是当工作头绪多、非常忙碌时不要惊慌失措、乱了方寸，要保持头脑清醒、思路清晰，分清主次和轻重缓急，有条不紊地做好各项工作。有句话说，"当你全心全意想做一件事的时候，全世界都会来帮你。"作为年轻人，要有自己的奋斗目标和人生追求，认真过好每一天，既不能无所事事、虚度光阴，也不要忙忙碌碌、漫无目的，要一步一个脚印，不断充实、提升自己。

从坚持早起开始

只要肯努力，什么时候开始都不晚，关键在于坚持。稻盛和夫曾讲："全力以赴努力过好每一天。全力以赴过好今天这一天，就自然能看清明天，全力以赴过好明天就能看清一周，全力以赴过好一周就能看清一个月，全力以赴过好一个月就能看清一年，全力以赴过好今年一年就能看清明年。全神贯注于眼前的每一个时期，活好当下，这一刻才是最关键所在。""过好每一天"最便捷的途径就是从坚持每天早起开始。"一日之计在于晨"，从清晨开始就不虚度。

早起看似是一件非常简单的事情，但能坚持做到的人并不多。看看周围吧，不上班的时候早上有多少在睡懒觉。网上曾经有一篇文章"早起的人，比熬夜更可怕"，引起了许多网友的共鸣。习惯早起的人都有这样的体会：每天比别人早起1~2个小时，不但头脑清醒，而且工作效率高，可以多做许多事情。正如《工作与时日》一书的作者赫西俄德所讲："一个人早晨干的活能占全天的三分之一。早晨是外出的人赶路的最好时辰，也是劳动者干活的最好时辰。事实上，许多人趁早晨赶路，许多牛趁早晨耕田。"我在农村生活时，印象很深的是许多农民都有早起的习惯，往往天不亮就起来打扫卫生、下地干活。连农民也知道，一分耕耘，一分收获，"一年之计在于春，一日之计在于晨"。

统计发现，绝大部分成功人士都有早起的习惯。比如比尔·盖茨、村上春树等，基本上都在早上六点钟以前起床。某民营企业负责人说："我之所以能够取得一点成绩，得益于一些良好的习惯，比如早起。能够坚持早起的人，说明他的自控力强，而这一点是做任何事情的关键。"

如果要长期坚持早起，必然要做到早睡，否则睡眠时间不足。虽然也有一些人习惯于熬夜工作，但长期熬夜对身体的损害很大，所以更健康的工作和生活方式是早睡早起。日出而作、日落而息是遵循人体自然节律的最佳方式。

研究结果显示：当人们的生活方式总和生物钟不一致时，人们罹患各类疾病的风险就可能会增大。如果按照生物钟规律早睡早起，身体的免疫力就会增强，生病的风险就会降低。习惯早睡早起的人往往有健康的体魄、坚强的意志、良好的心态，做事情精力充沛，效率较高，生活也往往更幸福。

坚持早睡早起的人更自律。南怀瑾说："能够控制早晨的人，才能控制人生。"一个人对待早晨的态度，往往决定了他的人生高度。美国政治家富兰克林曾说，早睡早起，能使人健康、富有、明智。早睡早起看似是一种生活习惯，实际上是一种人生态度。如果你想改变自己萎靡不振、碌碌无为的状态，想成就一番事业，那就从坚持每天早起开始。

有人说，在机会的风口上，猪都会飞。可是，有许多人看不到风口；大部分人看到了风口，坚持了一段就放弃了；还有一些人看到风口的时候，已经来不及。这个世界上，没有轻松又高薪的工作，没有谁比谁活得更容易。别说自己很辛苦，比你富有还比你辛苦的人大有人在。想改变现状，就从今天做起，从现在开始，想想你打算做些什么？这一刻，你会做什么事？

什么时候都不要心存侥幸，没有人能够代替你，没有人能过你的生活。就是现在，马上行动起来，扎扎实实走好眼前的每一步，创造属于你的故事，尽力成就最好的自己。

后　记

　　本书的名字最初不叫"改变"，我打算内容写完后再定书名，但在写作过程中一直在思考取一个什么样的书名。关于本书的名字，我听取了许多人的意见，也想了好几个名字，比如"成长的智慧"等。书名最初打算叫"一起成长"，后来一想，如果把书送给长辈或者中老年人，他们可能会感觉不适："我这么大年纪了，还需要成长吗？"所以就果断放弃了"一起成长"这个书名。

　　实际上，人生就是一个不断成长的过程，不管年龄大小、职务高低，都需要不断地学习、进步。谈到成长，人们一般会想到孩子的健康成长，好像"成长"这个词只是对年幼的人而言的。实际上不管年龄多大的人都有不足和需要改进的地方，都要意识到金无足赤，人无完人。社会在不断发展变化，每一个人都需要不断地成长、进步，才能使自己跟上时代的步伐。我们常常能看到，一些六七十岁的老人熟练地在网上冲浪，在微信朋友圈分享自己的精彩生活，买菜时用支付宝、微信付款毫无障碍。

成长是相互的

　　成长并不是单方面的，每个人都处在各种各样的社会关系中，所以成长不仅仅是一个人的事，而是与他人、各类组织及整个社会紧密相连。从某种意义上说，成长更多的是在社会关系中的成长。除了自身读书学习、加强修养以外，更要与家人、朋友、同事及与你联系的人一起成长。

　　成长是相互影响的，因此要相互学习，共同成长。孩子在成长过程中更多的是学习、模仿大人，但大人在与孩子接触过程中，也能学习许多东西，大人也在不断成长。傅雷在写给儿子傅聪的一封信件中有这样一段话："孩子，我从你身上得到的教训，恐怕不比你从我得到的少。尤其是近三年来，你不知使我对人生多增了几许深刻的体验，我从与你相处的过程中学到了忍耐，学到了说话的技巧，学到了把感情升华！"

成长比成功更重要

　　相比于成长，人们往往更关注成功。成功是显性的，能够看得到，而成长是隐性的；成功往往是间断的，而成长是连续的；成功代表着过去，而成长着眼于未来；成功往往是一时的，而成长是一辈子的。所以只有不断地成长、进步，才能获得更大的成功。

　　要成长，首先要有自我学习和提高的意识。在现代社会，要重视为自己投资，尤其是对青年人来讲，每天应思考一下你投入多少时间和精力用于学习和自我成长。杰出的社会学家本杰明·巴伯曾经说："我不会将世界两分成弱和强，或者成功和失败……我会将世界分成好学者和不好学者。"无论从事什么职业，都能从中学到许多东西。在工作和生活中可以关注能够提高自己知识水平的信息，善于学习，坚持学习。

无论从事任何工作，不能只考虑单位给你的回报有多少，还要考虑你对单位有多大的贡献，你对单位的贡献多了，成长自然会快一些。所以要不断提高自身素养和工作能力，时常做到两个心里清楚：第一，从个人角度讲，要清楚你比谁强，也就是说，你做这份工作在哪些方面比其他同行有优势。第二，从工作角度讲，要清楚谁比你强，也就是说，你所做的工作哪个单位或哪些人做得更好，他们是怎么做的，有没有值得学习和借鉴的地方？自己能不能努力做到？如果抱着这么一种心态去学习、去工作，成长自然会不期而至。

选择一个单位工作时，不仅要看它给你的薪酬水平，还要看你在这个单位能不能得到提高，能不能较快地成长。这就是一些人在择业的时候，为什么会优先考虑一些工资不高但规模较大或者层次比较高的企事业单位的原因之一。如果在一个单位收入不错，但领导水平一般，工作要求不严，各项管理松散，自己得不到学习和提高，甚至有变得越来越平庸的风险，那么建议你尽早离开这种"温水煮青蛙"的环境。

对成长充满信心

要不断成长，首先要清楚自己的局限和不足，这样你才有前进的方向，也才可能主动改进自己。人们常说"自己脸上的疤看不见"，如果你认为自己完美无缺，别人哪方面都不如你，那就相当于封闭了自己，也就很难成长。要成长进步，关键是要主动、诚恳、经常听取别人的意见建议。经常想一想，我们有没有主动问过别人，自己有什么不足？自己的工作有哪些方面需要改进？要养成不懂就问的习惯，一件事情自己感觉拿不准，可以问问同事、朋友这样做是不是合适？作为公司的老板，有没有问过员工，觉得公司发展存在什么问题？作为老师有没有主动问过学生，觉得自己的授课有哪些需要改进的地方？作为家长有没有问过孩子，自己在教育孩子等方面有没有做的不合适的方面？

人都喜欢听赞扬的声音，所以大部分人不会主动给你指出不足，即使是你非常好的朋友或者家人。你若主动询问，如果态度不是非常诚恳，他人也不一定会讲实话，有的只是敷衍而已。唐太宗李世民曾经讲过："夫以铜为镜，可以正衣冠；以史为镜，可以知兴替；以人为镜，可以明得失。朕常保此三镜，以防己过。"要想不断地成长，就需要常常照照"镜子"，如果发现脸上有"污垢"，就要及时"清洗"干净。

每一个人的智力和能力都是会变化的，每一个人都可以不断变化、不断进步、不断成长。未来的你一定会比现在更优秀，对这一点要充满信心。

与高人为伍

真正的朋友一定是能够帮助彼此成长的人。如果与高水平的人为伍，自然会成长得更快。美国著名的女足球运动员米娅·哈姆曾说："我的一生都在努力，一直在试图挑战自己，去和那些比我年长、更强壮、更有技巧和经验的运动员，也就是比我强的人比赛。"就像下棋，如果一直跟水平与你接近或者比你差的人下棋，虽然时常会有获胜后的喜悦，但是你的水平恐怕很难提高。交友也是如此，正如李笑来先生所说的，对朋友来说真正有用的不是那种肤浅含混的"够意思""讲义气"，而是帮助对方成长——这才是最有价值的，友情中最有价值的部分来自各自的成长或者共同成长。所以，要多与对你的成长有帮助的高人来往。

一起成长

一个好的企业，要生产出优质的产品，还要不断培养出优秀的人才；一个不断成长壮大的企业，员工必然也会成长得比较快。一个成功的领导者，应该努力做到产品改良、企业发展和员工成长三者形成良性互动。一个老板如果想不到或者不考虑员工成长，只考虑企业的效益，员工在你的企业没有进步、不能得到成长，长久来看，这个企业也很难发展好。好的老板要教育、引导员工不仅关注收入的增长，更要关注个人的成长，不断提高自身素质和业务能力。要让员工意识到认真工作不仅仅是为了企业发展得更好，同时自己也能得到锻炼，不断学习提高，这样就会形成良性循环。一个好的企业必然是企业不断发展、员工收入持续增长、员工能力和素养不断提升的企业。

好老板是能和员工一起成长的老板，好老师是能和学生一起成长的老师，好家长是能和孩子一起成长的家长……

一张一弛，文武之道。要成长得更快，是急不得的，有时需要慢下来，读书、思考、聊天。适当的暂停，是为了进步更快。要坚信磨刀不误砍柴工，善于思考，思考自己的奋斗目标，思考自己的工作方式。在读书的时候思考，在行动的时候思考，静下心来思考，想想自己有哪些需要改进和提高的地方。

这本书的写作过程对我来说也是一个不断成长的过程，书中的每一篇文章，我都找了好几位朋友或同事帮我斟酌，让他们站在读者的角度指出问题，提出意见。我认真地倾听了他们的每一点意见。所以我特别感谢我的朋友们，他们对本书提出了非常好的修改意见，有时候是一个事例，使内容增色不少，甚至起到画龙点睛的作用；有时候可能只是一句话或者是一个字的修改，竟会产生妙笔生辉的效果。可以说，这本书是许多读者朋友帮我一起完成的。在本书修改、完善的过程中，在与朋友的交流中，我也与这本书、与我的朋友一起成长。

致 谢

没有想到,《改变——遇见更好的自己》出版不到两年时间,就引起那么多读者的共鸣、思考和改变,许多读者给予这本书非常高的评价。一位企业人力资源部部长应邀给母校大学生推荐了这本书。他在推荐语写到:"这个世界唯一不变的就是它从未停止过改变。时光流转,时代向前,我们想要保持年轻的心态、与时俱进,就需要不断地读书学习,提升自己并做出改变。这种改变,需要更多的向内观照,用一本书,用他人的视角和思考,去审视自己的内心世界。《改变——遇见更好的自己》恰好就是这样一本可以观照自我的书。它把自信、感恩、运气、信任、竞争、尊重……等日常的话题轻轻梳理、娓娓道来。没有深奥的道理,没有艰涩的文字,读来淡然质朴,耐心而细致、宽厚而慈祥、真诚而和善,帮助我们在繁杂匆忙的工作学习生活之余,收获内心的安稳与达观。"

2023年4月,《改变——遇见更好的自己》一书入选国家新闻出版署农家书屋重点出版物(文化类)推荐目录。出版不到一年,本书能与《孙子兵法》《乡土中国》《人世间》《山海情》等图书一同入选,确实没有想到。

在本书即将第六次印刷之际,我深感必须附上致谢:我要诚挚感谢各位读者的阅读,更要感谢许多读者的热情好评与热心分享。正是大家的好评与分享，让更多人了解到这本书，并从中受益。现在有人能静下心来读书已属不易，还能在购物网站作出评价，在朋友圈加以分享，实属难能可贵。我越来越觉得，手机对人们的影响太大了，短视频甚至比游戏危害更大、影响范围更广。读一本书、看一部电影都有完结的时候，而手机则没有明确的开始和结束，可以一直使用下去。我经常对一些年轻人说："你每天在手机上耗费的时间越少，未来就越有可能超越其他人。"只要看一看身边，我相信大家会和我一样发现，手机占用我们的时间越来越长，能静下心来读书的人越来越少。许多原来喜欢读书的人现在也读书少了、读书慢了，甚至不读书了。所以，对于那些能够放下手机、耐心阅读本书的读者们，我无论如何都要表示衷心的感谢。

没有想到这本书深受年轻人的欢迎。2023年12月初，中建三局西北公司开展青年员工培训，邀请我围绕"读书、成长、改变"的主题与近五年新进员工做了一次交流。公司给80多名员工每人送了一本《改变——遇见更好的自己》。一个月后，许多员工读完书后撰写了读后感。2024年元月，公司把这些读后感转发给了我。看到一份份有感而发、热情洋溢的读后感，看到许多青年员工因为这本书收获了很多，发生了改变，我深受感动也倍感欣慰。其中一位青年员工是这么写的："《改变——遇见更好的自己》是一本以人类行为和心理变化为主题的心理学类图书。在阅读这本书的过程中，我对如何改变自己和他人有了深刻的思考。首先，对自我改变有了更深入的认识。成功的改变需要我们从内心深处找到动力，并且积极寻找适合自己的改变策略。在日常生活中，我开始关注自己的内心需求，并且设定了明确的目标和行动计划来实现自我改变。其次,在阅读《改变——遇见更好的自己》的过程中，我对他人的改变和影响也有了新的认识。书中提到如何通过有效的沟通和激励来帮助他人改变，让我学会了倾听和理解他人的重要性，以及如何通过积极的言语和行为激励他人改变。只有在与他人真诚交流和建立信任的基础上，才能产生真正的改变。这本书对我工作和生活的影响非常深远。"

没有想到这本书更受女士的欢迎。不时有女士找我签名，把《改变——遇见更好的自己》送给朋友或闺蜜。学校有一位女同事魏老师，她原先读研究生期间的一位同宿舍好友在成都某银行工作。这位好友业务干得很出色，但她对自己要求也非常高，时常感到焦虑。魏老师专门找我签名，说一定要让她看看这本书，相信对她会有帮助。有位老师开玩笑说这本书是闺蜜馈赠佳品、幸福生活指南。

没有想到这本书对许多退休老人会有很大帮助。身边好几位老人把这本书读过两遍。我的一位邻居从西安某幼儿园退休后在上海带外孙。她在朋友圈看到《改变——遇见更好的自己》这本书的介绍，于是就买了一本，读后给我发了一段话:"读了《改变——遇见更好的自己》这本书，我和我们家老王现在很少吵架了，对于他生活上的许多毛病，我尽量去包容。每当要想发脾气的时候，就想起书里所说的一句话——改变不了别人，首先改变自己!书上的内容，让我们家和谐了许多。"她把这本书放在她家的餐桌上，说要让家里每一个人每天都能看到，从而提醒他们改变自己，不乱发脾气，保持良好的情绪。

没有想到许多人把《改变——遇见更好的自己》这本书作为礼品馈赠他人，有的买几十本，有的买上百本。一位机器人公司的老总在2023年中秋节前买了几十本书，让我签名送给亲朋好友。没有想到一本书还能起到移风易俗的作用，我感到很开心。有一位朋友打趣说："送礼送改变，实用又体面。"为什么大家会说这本书实用呢？我想可能有两个原因：一是因为大家感到这本书文笔简练朴实、内容通俗易懂，有别于时下很多书流于说教、动辄以居高临下的口吻教训人。就像一位读者说的："《改变——遇见更好的自己》这本书以拉家常的方式，以身边人和身边事为例，娓娓道来，让人在近乎聊天的情境下获得教育与感悟。从大处着眼，小处着手，把大道理融入到平凡人、平常事之中，读来让人没有任何违和感。"二是因为这本书适合阅读的人群非常广泛，而且许多内容读者可以直接借鉴使用。正如京东网站编辑推荐语所说的："本书中既有平凡人的感动，也有名人成功的启示。分析深刻，不论年龄、职业，读者都能从中受益，让人深有同感或茅塞顿开。部分内容读者甚至可以直接借鉴应用于工作、生活，从而实现自我提升。"

没有想到许多读者看了《改变——遇见更好的自己》一书后走出了迷茫、困惑乃至焦虑，自己发生了改变，生活也变得更加幸福。一位同事的闺蜜读了同事赠给她的《改变——遇见更好的自己》一书后，在朋友圈发了这么一段话："这本书让我在最彷徨、迷茫、无助的时候给我力量，伴我前行。在工作生活中，许多人常会感到焦虑、愤怒、委屈、不公，其实我们所遭遇的一切人和事都是我们的一面镜子，我们在无意识中教会了别人如何对待自己。只有提高了自己，才能看到更完美的我们。感谢生命中出现的每一个人。"

　　客观地讲，现在人们物质生活水平比以前提高了不少，但许多人的幸福感并没有增强，反而焦虑的人似乎越来越多。包括一些身居高位、事业有成、收入颇丰的行业翘楚，在深入交流后我们会发现他们中许多人同样面临着焦虑的困扰。某企业老总给我转发了他夫人读完《改变——遇见更好的自己》一书后的感慨："焦虑不一定都是病，它可能只是一种情绪状态。产生的原因有四个：第一，过度敏感；第二，对生活小事或是遥远未来的担忧；第三，缺乏自信；第四，期望值过高。"她表示这本书把焦虑产生的原因总结得很到位，并分享了自己在教育孩子过程中的焦虑体验。她提到孩子晚睡、饮食问题、身高以及做事拖拉等都会让她感到焦虑，这些问题主要属于第二点和第四点原因。读完这本书后，她深感书中的很多话都说到了她的心坎里去了。她认为每个人过好今天就很不容易了，没必要为明天还未发生的事情而忧心忡忡。凡事多往好处想，坚信"车到山前必有路"。她也意识到改变自己不易，改变别人更难，并调侃说自己这些年可能过于焦虑了，需要调整心态。

　　在《改变——遇见更好的自己》一书的传播过程中，我因此结交了许多朋友，如快递小哥、农民工朋友、教师、大学生、企业老板、政府官员等。让我感到欣喜的是有好几位朋友反馈说这本书帮助他们实现了心中的愿望。京剧《锁麟囊》中有句台词讲得很妙："他教我收余恨、免娇嗔、且自新、改性情、休恋逝水、苦海回身、早悟兰因。"改变主要源于读书学习、自我反思、他人提醒，而关键在付诸行动。以书为媒，在与读者朋友交流时我也在反思，发现自己有不少需要改进的地方，并从他们身上学习借鉴了许多有价值的东西，自己也改变了许多。他们都是我要感谢的人。

最后，还要感谢西安交通大学出版社，感谢责任编辑祝翠华女士，感谢李昊教授为这本书设计的非常别致、高雅的封面，感谢各位读者用心发现的错误、提出非常宝贵的修改意见，让这本书不断完善。同时，再次感谢各位读者的阅读、评价、分享，愿更多的人因这本书而改变，遇见更好的自己。